丹妮絲·琳恩
Denise Linn———著

范章庭———譯

# 神聖空間

居家能量風水淨化術，
讓你家成為光的發射站！

你的家，是休息和充電的聖殿，
也是你魔法、力量、精神的凝聚點；
透過淨化和對頻，
讓你的家成為地球的能量漩渦點，
將愛與光的振動，傳送給全世界及遠方宇宙。

## Sacred Space:

### Enhancing the Energy of Your Home and Office

# CONTENTS 目錄

**十週年版序**

# 房子散發的能量，會觸及宇宙最遠的彼岸

今天，雪松太平鳥又飛來了。對許多人來說，每年的一月一日是一個循環的結束，以及下一個循環的開始；但對我來說，雪松太平鳥的造訪才提醒我這點。這些鳥兒有柔軟光滑的金色羽毛，眼睛戴著強匪似的一副黑色眼罩，而牠們有如封蠟的紅色翅尖，則是一個訊號，提醒我一年又過去了。雪松太平鳥是季節的通報員，告訴我們世界即將從黑暗轉為光明，從冬天回春。牠們只會在這裡待上一個星期左右，在這段期間內，牠們不眠不休，在房子前的桑樹樹枝上跳來跳去，享用花穗，之後就會繼續遷徙。不過，牠們在這裡出現的短短幾天，宛如神奇的魔法，應允我們新的開始以及更美好的未來。

從我第一次撰寫《神聖空間》這本書開始，至今已過了十個年頭。雪松太平鳥也來這裡第十回了，每次牠們都會在這些桑樹上棲息。這十年，發生了太多事情。

當初我撰寫《神聖空間》一書時，算是美國最早談論「風水」的幾本書之一。而現在，在美國已經有超過六百本、甚至更多書籍在談論風水。十年前，幾乎沒有人能念對源自中文「風水」一詞的發音，更別提了解什麼是風水了。如今，書店中都設有風水書區，大型百貨公司還會以「帶來好風水」替產品打廣告。

《神聖空間》也是第一本書，深入介紹古老傳統中，如何清理住家或商業空間的能量，並給這些地方帶來和諧能量。當初我寫這本書的時候，還沒有可以形容這項技巧的名稱，所以我創造了一個新詞彙：「空間淨化」

（space clearing）。我還記得，當初很擔心大眾會覺得這個新創詞很奇怪，它聽起來像是有人拿著掃帚指著星星，要打掃太空。但這個用語就這樣沿用下來了，現在有很多書都在談「空間淨化」，甚至有一些書以「空間淨化」為名。

十年來，我收到數以千計的熱情卡片、信件、電子郵件，讀者告訴我他們成功運用了《神聖空間》裡介紹的技巧。坦白說，我被這些信件的龐大數量嚇到了，但我也很高興聽到許多人從這本書學到超好用的技巧。

我在寫這本書時，並沒有預料它會變成暢銷書。我只是單純想分享自己生活中發現的一些好方法。這本簡單的書能打動人心，或許是因為書中提供了一項重要的資訊：家的能量會影響生活品質。也許這個正確的訊息剛好出現在對的時機。

在這十年來，我們的住家變得越來越重要了。2000年進入新世紀時，許多人害怕千禧年會帶來災難，紛紛在自己的家中尋找避難處。即便我們平安進入了新的千禧年，人們心中似乎對未來仍有強烈的擔憂——來自於2001年9月11日的恐懼。在美國紐約、華盛頓的恐怖攻擊事件之後，民調顯示，多數西方國家的民眾出外旅遊的次數變少，他們更常待在家中。最近幾年來，隨著時代變遷，我們的個人空間已經變成孕育安全感的「子宮」，許多談論在家中打造美麗、和諧的書籍及電視節目，就像雨後春筍般出現。

跟大部分人一樣，比起十年前的我，現在的我待在家裡的時間更長。我的丈夫大衛，與我一起住在四十英畝的土地上，這裡位於加州中央，是著名的酒鄉，四周環繞著山稜起伏，長滿橡樹和葡萄園。我在《神聖空間》一書中，大多提到的內容，都是關於如何與地球平衡的生活，而我和丈夫建立的家園——夏丘農場——正是如此。我會在土地上赤腳行走，也會爬上四百歲的老橡樹。我在這片肥沃的土壤裡扎根，尋得安身立命的地方，看著雪松太平鳥年復一年的到來……我覺得自己的「神聖空間」了。

在這本書裡，我寫道：「你的房屋散發出來的能量，就像一顆小石頭，掉進靜止的宇宙水池，而漣漪會觸及宇宙最遠的彼岸。」我相信，這句話比十年前還適用。在當今不確定的年代裡，大家傾向於關注世界上的失衡事件，哀悼這些艱困的時刻。然而，從靈性的觀點來看，現在也是活得更深入

的時間點。我們必須經歷對手與挑戰，才得以揚起船帆，隨風徜徉。我們可以在住家及辦公室打造神聖空間，讓我們的生命、甚至是我們周遭的世界，都能浸淫在美好的神聖能量中。

丹妮絲·琳恩，2005年，於加州夏丘農場

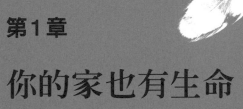

# 1

第1章

## 你的家也有生命

　　我們的家就像是一面映照自身的鏡子，會反映出我們的興趣、信念、遲疑、靈性以及熱情。家，敘說著故事，它說著我們如何感受自我和周遭的世界。家，不只是你在環境中尋求舒適、可以躺下來休息的地方。家，是你可以跟宇宙交流的空間；家，是時空中的交會之處，你能在這裡吸引能量或是驅除能量。

　　你的家可以是重生和帶來希望的地方；可以是在變遷的時代中休息和充電的聖殿；可以是騷亂中的寧靜綠洲。家可以是療癒和新生的地方。你的家不只是能夠給予你力量、療癒你，還能成為一個和諧的樣板（template），讓你和每位受邀進門的賓客都能踏入更高層次的靈性頻率中。

　　你的家，可以是內在宇宙和外在宇宙的重疊之處，是內在實相與外在實相交會的地方。家，可以是魔法、力量、靈性的凝聚點。你的家可以是座能源站，或是一處地球上的能量漩渦。就像回聲會一次次傳回來，你的家也是如此，它可以是一座光明能量的發射站。你的房屋散發出來的能量，宛如一顆小石頭，掉入靜止的宇宙水池，而漣漪會觸及宇宙最遠的彼岸。

　　從二十一世紀開始，我們的家變得越來越重要。把家打造成神聖空間是非常重要的，因為家是我們在宇宙中凝聚的住所。把宇宙秩序帶進我們的起居空間——將完整的特性帶入住家，也很有意義，這樣一來，家才能與我們的基本存在和創造之流達成平衡。在艱困與振奮並存的這個年代裡，我們的家能夠提供庇護及重獲新生的希望。家，會提供我們一處神聖空間，讓我們不會忘記自己是誰、為什麼要在這時候出生在地球上。

　　在地球進展的過程中，我們已踏入了新的千禧年，這是更強而有力的年代。現在正是充滿了改變的可能性，有很多實現夢想的機會，也是帶來個人與全球提升的時機。雖然我們生活周遭舉目所及，世界不斷產生汙染、充滿衝突，就像古代預言家所說的可怕末日似乎就要到來一樣，但我們還是有希望的。

　　我們心裡知道，改變的機會就像黎明的太陽還待在地平線下等著我們。問題是，我們在這個時候要如何把握機會，改變我們的生活、關係和世界呢？這問題的答案，就在於你周遭的環境；更明確的說，就是你的家。我們有許多方法可以轉換這股能量。藉由把和諧與清明的能量帶進家中，你就能

在生活起居的空間裡開啟能量管道，讓你的家成為能量聚集的地方。改變你的家，讓它散發愛與光的能量，並將這些能量遍及於周遭世界，以及遠方的宇宙。

你的家可以變成光的發射站！

這本書談的是能量，是關於認識你家的能量，以及住家能量如何跟宇宙能量互動。我寫這本書的目的是要告訴你，有許多清理並強化住家能量的方法，這樣一來，你的家除了是庇護你與親友的地方之外，它還可以成為幫助更多人的能量漩渦。在這本書裡，你會學習到各式各樣清理住家能量的技巧，有些是傳自薩滿和療癒師使用數千年的老方法。你也會學到如何提升與增強家中的能量，讓你的家在這不斷改變的動盪時代中，成為光明與希望的光束。

## 家有「生命」

要了解如何清理和淨化家的能量，最重要的是，認識我們的生活起居空間，如何融入我們周圍的生命環境。為了達到這個目的，首先，你要知道你將學到的所有空間淨化技巧，都是由下列三項基礎原則構成的：

1. 萬事萬物都是由持續變化的能量所組成的。
2. 你與周遭世界並未分離。
3. 萬事萬物都有意識。

懂了這些原則，你就會意識到：你的家是由能量組成；你的家和你並未分離；你的家是不斷演變的存有（Beingness）。這本書讓你了解：你的家是不斷變化、有意識的能量。你的家有「生命力」，你可以跟它溝通；一旦你了解並榮耀家的生命力，這個存有可以為你和家人提供保護與療癒。學習如何連結你的居住空間，就可以創造平衡的生活，與周遭的能量維持和諧。

## 1. 萬事萬物都是能量

　　古代美洲原住民了解生命的每個形式，上至雲朵，下至樹木，以及在曠野漫遊的水牛，所有一切都是暫時的螺旋能量。全世界各地最原始時代的各種文化裡，都可以追溯到這樣的認知。這是原住民文化對生命最基本的想法。我們現今的觀念與原住民的基本認知有非常大的差別，我們認為宇宙是固定不變的。

　　所有生命都是能量。我們就沉浸在能量的汪洋中。我們周遭的能量會持續以千變萬化的方式，在時空中游移流動。物理學家認為所有東西裡的原子和分子都是不斷移動的。表面上看起來固定不動的物件，在線性的時間之流中，其實是由能量迴旋組成，一再的分解與組合。這個世界是宇宙中兩種相反卻又和諧的力量之舞：陰、陽；內在奧祕和外在形式。我們周遭的世界和內在的世界，是這些能量形式在恆久流動的關係中的相互作用。能量在我們周圍升降和流動，不受過去與未來的限制。我們處在光明與黑暗的永恆劇碼中，無窮無盡，卻又有一定模式。在能量的這種運行之下，生成宇宙秩序。所有的生命都有與生俱來的內在和諧，因為能量波動和電脈衝的螺旋「形狀」，既在萬物之內，也在萬物之外。

## 2. 我們與整個宇宙並未分離

　　「外在」的任何事物，都是你的一部分。由於我們感知現實世界是以線性方式，因此我不認為我們可以用理智去理解這一點，也無法用語言說清楚，甚至沒辦法完整書寫出來。然而，我深深相信，我們內在深處的某個層面都知道這個事實。我相信在我們每一個人的內在裡，都有一處極想前往、無比思念、不時憶起的地方，那裡是超越時空、合一、一體的絕美之地。

　　在世界的演化進程中，人類此刻正經歷了很多困難，都是來自於一個錯誤的信念：我們是分離的存有，我們不但與地球、地球上的動物和樹木是分離的，人與人之間也是分離的，有時甚至與自己都是分離的。西方觀念認為，我們與居住的空間環境是分離的。我們幻想著，人類可以獨立於居住環境而存在。而就是這樣的幻想，偷偷埋葬了人類的健康與快樂。就是這種幻

想裡的信念，才讓全球汙染、種族仇恨、戰爭、貪婪，還有其他許多充斥在報紙上、擾亂睡眠的疾病，處處可見。

　　當我們進入這新的千禧年，科技、自然資源以及環繞地球的力場，有了大幅變動。在現代西方文化中，我們除了在私領域之外，常常很難在情緒上感受到我們與萬物的連結。但目前最重要的是，我們不僅要把「自我的證明」（identification of self）擴大到個人環境裡，還要超越時間和外在形式的界限，擴大「自我的意義」（sense of self），讓它不只包含我們的家，還涵蓋了我們的社區，以及整個地球。把「自我的意義」擴大到你的家，是很好的開始，也是重要的第一步。

　　地球的快速變遷，深深影響我們彼此、以及我們與環境連結的方式。科技日新月異，讓我們的生活有許多發展，但也使我們與周遭環境產生分離。在科技迅速發展的過程中，我們已經「遺忘」了原始的智慧，也就是地球上所有生命和萬事萬物相互連結的道理。我們已經「遺忘」了我們和這一個活生生、脈動的宇宙是緊密相連的——宇宙隨著生命歌唱，隨著靈性的強度而脈動。我們已經「遺忘」了所有人事物都是活生生的能量。

　　我們來自世界各地的祖先，並沒有這種分離的信念。他們的世界觀不脫離這個真相：沒有任何一個人能夠獨立生存於生物、太陽、月亮、土壤、花朵、海洋，以及其他許許多多美好的存有和事物之外，正是這些存有和事物組成了我們所知的實相世界。每件事物都與其他生命有相互關聯；沒有一個是孤獨的。例如，美洲原住民對於「關係」的完整觀念，是透過淨汗屋（Sweat Lodge）的神聖典禮來傳達。當他進入淨汗屋之後，就要宣告「向我所有的關係致意」。這不僅僅只是向其他進入淨汗屋的人或他的家人致意而已，這是肯定所有生命之間的相互關聯，以及肯定所有造物之間的親密連結。

　　現代西方文化中，我們最常與周遭世界互動的方式，就是感到自己是分離而獨立存在的生命。我們通常認同自己的身體，卻與自我的其他部分分離。多數人對於自身的認同只有肉體而已。我們畫了一條線，以皮膚為界。但這並不是我們定義自身的唯一方式。有許多人偶爾會認同肉體層面以外的事物。有時候我們對於自己的孩子有認同，甚至對我們的財產產生認同（一

個人會冒著身體上的極大風險，衝進被烈火吞噬的建築物中，搶救珍貴的物品，是因為在那一瞬間，他對於那些珍貴物品的認同勝過自己的身體）。我們可能對身上的衣物產生認同。對許多人來說，穿著打扮就是他們相信自己是誰的一種表達方式。我們也可以很清楚知道，有些人在塞車時會有很大的反應，這是因為他們對自己的車子產生認同。

只是，當你花時間想想這件事，你可能會記起許多時候，你突然感到與周遭世界是合一的。當你沉浸在夕陽餘暉的晚霞時，可能有過這樣的感受。或者，你可能是在欣賞岸邊浪花時，感到與世界有著喜悅、純淨的關係。這些經驗提醒我們，在此生之前就知道的真相──我們在本質上是與萬物合一的。我們與山巒、海洋、雲朵、星辰相連，就像我們與自身肉體的相連。我們都是純淨能量的顯化，恆久在這顯化中飄蕩，也永遠相連。所有現在以及未來會出現的萬事萬物，都在我們的內在。整個宇宙就是你身體的延伸。

我相信，踏上這趟重返之旅，了解實相相連的觀點，是一件很重要的事。這個觀點跟我們在子宮中與母親相連一樣，自然而然的內化在我們心中。

## 3. 萬事萬物都有意識

除了環繞著你的宇宙，是與你緊密相連的龐大流動能量場之外；另外一點也很重要：宇宙中萬事萬物都有意識。即便是最固執的懷疑論者，都會同意動物是有意識的存有。而且現代科學也已經證實植物具有意念，可以回應人類的能量場。此外，礦石、山巒和江河的意識也是如此。原住民非常了解這一點，他們會在出海捕魚之前，祈求海神的祝福；在摘取植物前，先對植物表示感謝。獵人在捕獲動物後，會感謝動物「給予」生命，造福整個部落族人。腳下踩踏的大地並非沒有生命、沒有氣息：大地就是母親。鑽下大地母親的血肉之前，會獻上感激，請求寬恕。透過這樣的方式，原住民認識並榮耀世界中的萬事萬物。

古代人知道我們都是互相連結的，萬事萬物都是生命。被河流沖蝕的鵝卵石，它的生命並不亞於虎鯨；高大壯碩的雪松樹，它的生命並不亞於經過翠綠草地的美洲獅。我的北美印第安卻洛族（Chrokee Indian）祖先，稱呼

樹木為「他們的兄弟」，因為他們了解存在於樹木中的生命。萬事萬物都是生命。

根據這三項原則，自然而然就延伸出：

1. 你的家是由無止境的轉化能量場所組成的。
2. 你和你的家並不是分離的。
3. 你的家有生命，而且具有意識。

## 1. 你的家是由多種交疊的能量場組成

你的家並非只是為了庇護和舒適之用，湊在一起的材料合成物。在你家中的每一立方公分，無論是實心或看似空蕩蕩的空間，其實都充滿了無限的振動能量場。那裡有巨大起伏的能量場，交互重疊，相互圍繞。你的家有許多領域。除了純粹的物質界，也就是住家的建築結構和裡面的物品之外，還有情緒能量和無數靈性與乙太能量，持續在你的家中移動、迴旋。

環繞著你家的物質環境（位置相對於陽光與風、周圍的草木、陸塊、水路等），以及住家建築物與環境互動的方式，影響了家中的能量場。你家的建築材料，以及家裡物品的製作材料，還有材料中的化學物質，同樣也會影響能量場。舉例來說，松木的能量更流動和明亮，而橡樹的能量較沉重、高密度。原物料的產地也會影響物品本身的能量。例如，加州橡樹的能量，就跟英國橡樹的能量不一樣。來自天然森林的橡樹，能量上會跟在林場生長的橡樹有所不同。材料製作的方式，無論是手作還是機器製造，都會影響能量場。此外，牆壁和家具的顏色、燈光種類、空氣品質、氣味、房間大小，以及你家與地面的距離，都是影響能量流動的一些物質特性。

你和家人、來訪賓客的思想和情感，也會不斷影響居住空間的情緒能量。情緒有它們自己的能量結構，人們感受到情緒後，還會留存很久。也許你曾走進一間經歷過爭吵的房間，感覺到空氣中瀰漫的沉重。這就是爭吵中的激烈情緒浮現後，留下的能量場。靈性測定學（Psychometry）就是根據這樣的概念：一個人的情感、思想、個性，會鑴刻在他們的物品和環境上。現在住在這間房子裡的人，和以前住在這間房子的人，他們的所有情感和思

想，都會影響你家的情緒能量。這些人的想法、個性、活動，都會影響到房屋的情緒能量，甚至可以溯及房子還沒建造之前，就在這塊土地上活動的人。同樣的，家中的每件物品都有之前的使用者和製造者投射的能量。而蓋在古老墳場上的建築物，會被過去環繞著墳場的情緒能量所影響。建築物的結構也會影響情緒能量。舉例來說，挑高的天花板會讓人振奮，較低的天花板不是讓人覺得壓迫就是覺得舒適。你家的每一個部分都會散發或引發情緒能量場。

你的房子跟你一樣有「氣場」（aura）。房子的氣場會受到物質形狀和家中物品的影響；情緒的想法會留存在其中；而房子周圍散發的靈性能量場也會有所影響。靈性能量場是由樹木、土地、以及充滿美好與邪惡力量的風景產生。最主要的大地能量稱為「地脈」（ley line），同樣也會影響你家的靈性能量。（地脈是天然形成的電流，在地殼上沿著能量通道或能量線產生。）但影響家中靈性能量最重要的一點，就是在房屋內給予和接收的愛。

## 2. 你與你的家並未分離

你並沒有與你的家分離，這就像你不會與你呼吸的空氣分離一樣。你的家並不只是你的思想和情感的延伸，就更大的意義上來說，你的家就是「你」。你的家就是你的身體。家和身體，都是你內在的能量場於外在的顯化。

就更深的意義來說，你的家映照、反射了你的意識。就像身體是內在狀態的象徵一樣，你的家也反映了你的內在狀態。即便是最傳統的醫師都開始承認身／心之間的連結，以及身體會反映意識。如果一個人喉嚨痛，發不出聲音，這種情況常常意味著他們「有話說不出」。情緒的障礙，會顯化在身體上。房屋也是如此，就像你的身體一樣，反射了你的內在狀態。舉例來說，屋內的水管代表情緒，水管堵塞代表情緒堵塞了，水管漏水代表情緒漫溢。你可以透過轉化家中能量來轉化個人意識。窗戶，就是你觀看周遭世界的眼睛。僅僅是清理窗戶的簡單行動，只要加上你的意圖（想要更清晰看見生命方向），就能為你的人生帶來清明的成果。

## 3. 你的家也有意識

不只是世界的每一處都有意識，你的家也是如此。家和人一樣，都是藉由我們心中的想法來滋養能量。家的生命靈魂，是透過我們心中的尊敬和愛來維持的。如果缺乏關愛，家就會變得死氣沉沉：家的靈魂遠去了，只剩下無法鼓舞與滋養我們的物質結構。我們的家變成毫無生氣的建築，而不是充滿活力、生生不息、持續脈動的能量點，讓我們回家時可以恢復活力、煥然一新。你的家是不斷演變、有創造力的存有。它可以是內向的，也可以是外向的。它跟你和自然萬物一樣，都有週期。

你可以跟你的家溝通。你的家可以是盟友或是敵人。你的家關心你，而且願意成為你的朋友。你的家不只單純的反映你、你的感覺和興趣，而是以更深層的方式與你結合，你透過和家的相互連結，讓彼此都能有所成長。當你發展時，你的家也隨著成長了。你對家的關心，可以從深處喚起古老的靈性能量，重新注滿你的家；這股力量可以療癒你的靈魂與心靈的核心部位。

了解以上這些原則，可以幫助你打好基礎，淨化及提升家中的能量。

# 2

## 第2章

# 我的人生旅程

# 瀕死經驗看見光

引領我走向發現、探索能量的旅程，相當戲劇化，那年我才十七歲。我跟家人住在美國中西部一個非常小的農村裡。某一個夏日的溫暖午後，我騎著摩托車出門，沿著美好的鄉村小路往下騎，我感到無憂無慮，心情愉悅。兩旁的玉米似乎朝著天堂生長。頭頂上方則是耀眼的夏日藍天。

突然間，這平靜的一天被粉碎殆盡了。一輛很大台的美式汽車猛然撞上我的摩托車。我努力穩住車身，但這台車又撞了過來，我連人帶車倒在馬路旁。

我奮力爬起來，當我抬頭看著攻擊我的一個陌生人，我的驚訝變成了恐懼。他用槍指著我，表情冷酷。槍上的兩個黑色洞口似乎變得龐然巨大，不成比例。我無法理解他為什麼要拿著槍對準我。為什麼他要撞我？我的思緒紛飛：「我又沒有對他做什麼！為什麼?!」他看著我，不帶任何情感，扣下了扳機。震耳欲聾的槍聲永遠改變了我的人生。

我被遺棄在路旁，是一名路過的農夫發現我，叫了救護車。在受創的情況下，你記得的事情都很怪異。當救護車往醫院奔馳而去，儘管疼痛難以忍受，我還記得我看著救護車的窗外，想著天空好美，今年的樹木好漂亮。

「生命彌足珍貴。」

醫院的每個東西似乎都被放大了。燈光看起來光亮奪目，疼痛如火在燒，聲音尖銳刺耳。慢慢的，燈光暗了下來，痛苦褪去，聲音逐漸寂靜。我發現自己處在柔軟如子宮般的黑暗中。我覺得自己好像深深掉入絨毛般黑色的繭裡。

忽然間，這個黑色的泡泡似乎爆開來了，極度耀眼閃亮的金色光芒包圍著我，這金光非常強烈，就算是最亮的太陽都相形失色。我周圍的每一處，無窮無盡，都是光。充滿光芒，伴隨著結晶般精美的純粹曼妙樂音。這流暢的「光之交響樂」，忽升忽降，以完美的和諧遍及整個宇宙。這流動的樂音滲透了我，直到我完全浸淫在光與樂音之中。光與樂音，並不是各自分離

的。我就是光與樂音。而這環繞著我的一切，滲透宇宙的所有溫暖、光芒、樂音似乎非常自然，而且非常熟悉。

這是我經驗過最真實的事物了！好像我之前的青春期人生都只是一場夢。好像你在早晨醒來，昨夜夢境就在一天的「現實」中散去。當我進入這「超真實」的實相中，在這之前的整個人生似乎化為細微的迷霧。對我來說，之前的人生彷彿是場幻覺。

所有的時間彷彿在持續、永恆的「當下」中流動。沒有過去，也沒有未來。每件事物都處於無限的當下。我記得我試著回想過去，但我做不到，因為過去無法回想。過去實際上並不存在。當我在「那裡」時，我無法想像有個線性的實相世界，就像當我在「這裡」時，完全無法理解那個非線性的實相世界。

在這光芒、樂音、永恆當下的世界裡，全然充滿愛。這跟我們平常對「愛」的認知非常不同。我們的文化中對於愛的概念，包含愛著某個人或愛著某件事物，就像愛著與我們分離的實體一樣。我那時經驗到的愛，則是無邊無盡的愛。除了愛，什麼都不是。我經驗到的愛，並未跟一切事物分離。它就像呼吸一樣自然。每件事物就只是愛，是愛的一部分，沒有任何分離。這是超越形式的愛，無邊無際。

而我，並不孤單。你當時也跟我在那裡，每一個人都在那裡。沒有人不在那裡。我們都是一體的。我們並未分離。沒有開始，也沒有結束，唯有無限永恆的光。我不再受到身體的限制，我感到與萬事萬物合而為一。我就是我曾愛過、傷害過的每個人。我就是我認識、也不認識的每個人。我是印度德里街上的飢餓乞丐；我是紐約市裡的小偷；我是一個肯亞母親懷裡抱著的嬰兒；我是日本山上佛寺中的僧侶。我就是每個人，而每個人也都是我。

儘管這次經驗留存在我的記憶裡，像是個讓我既愛又痛、卻可以拿出來的珠寶，但對我的意識心智來說，再也不具任何意義。一個人的平凡頭腦，還沒有大到可以擷取當時在全身上下所有細胞中，我經驗到和了解到的一切。那完全超出平常能想像的範圍。但在當時，一切似乎再自然不過了。那是我經驗過最自然和最真實的經歷。

我現在的意識心智能夠理解這件事的唯一方式，就是想像我們在地球上

的生命，是我遭遇槍擊時經歷到的靈性次元的全息圖或反射。這是我用來想像的方式。想像一下，靈性可以比喻成天堂中的巨大發光鏡球。一道又一道的光，從鏡球的各面鏡子往所有方向射出，反射遍及時空。現在，想像地球上的每個人都認同每道反射的光，以致每個人都覺得自己就是那道反射的光。他們查看四周，看見其他反射的光，當然，每道反射似乎都被時間和空間分開。然而，如果這些個體能夠擴展自己的覺知，他們終究會了解到，所有的反射都來自於同樣的源頭。我們真的就是一體的。我們並未分離。我們就是反射的光，而我們就是反射的源頭。我們就是合一。

儘管我沉浸在廣袤無垠之中，而我似乎仍然能夠從意識的定點覺察一切。從我的意識中心，我看見前方有一條金色光的河流。我知道當我到達河的彼岸，就再也不會回到我十七歲的身體了。我再也不用忍受與他人分離的痛苦。我再也不用局限在損傷又痛苦萬分的肉體裡。我踏進河流，感覺到流動的光包圍著我。

散發著耀眼光芒的光，輕柔的流過兩旁。但在我還沒到達彼岸之前，我聽見腦袋中有個回音：「妳不能待在這裡，有些事情需要妳去完成。」我大喊：「不！」盡我所能的抵抗。我感到自己好像被繩子套住，拉回自己的身體裡。

醒來後，我躺在醫院病床上為人生繼續奮鬥。我那被強迫回來待著的身體，受了很嚴重的傷。槍手的子彈從我的脊椎彈出，射入肺部，撕裂了我的脾臟和腎上腺。我的胃、一邊的肺以及小腸都受損了。最後，切除了一邊腎臟，把一條十五公分長的塑膠管插入我的身體，代替心臟的一條主動脈。

然而，儘管槍手的攻擊很可怕，當我遭到槍擊時也發生了神祕又神奇的事情，這件事永遠改變了我的人生道途。

我對人生的觀點和對周遭世界的觀點，徹底且永遠轉變了。儘管我有創傷需要加以療癒——子彈造成的肉體傷口，以及來自錯誤童年的深層情緒創傷——我「知道」過去發生的所有事情都不是意外。我「知道」我的人生被指引著，我的存在有著更高層次的生命目的。我從光與合一的交響樂世界中被帶回來，我短暫經歷了那個世界，不是為了發明癌症的解藥，也不是為了發表震撼世界的新哲學。我的生命任務純粹只有如此：擁抱並愛所有的生

命，體驗所有事物之間的深層連結。

待在死後世界的短短時間裡，我對生命的認知完全轉變，再也回不去了。回到身體之後，每件事物看起來都一樣，但每件事物看起來又徹底不同。遭到槍擊之前，我認為「我」就是我的身體。我認為「我」的身體死去時，我就會跟著死亡。我出生於信奉科學的家庭，從小教導我：唯一的實相就是你能夠用物理條件測量的實相。但經歷過瀕死經驗後，我不再認為我的生命是從誕生開始，以死亡終結。我不再相信我與其他生命是分離的。時間不再是固定而有限的。我觀察到環繞著我的宇宙，不但能延展和改變，而且不是線性和固定的。地球上的萬事萬物，都是活生生的生命。所有生命都彌足珍貴。

我開始在那些應當沒有生命能量的物品周圍，看見散發出來的光。我可以聽見草地在歌唱，樹木發出低沉宏亮的吟唱。而且地球上的每個東西，並不只是物質上的物品，也充滿著閃耀光芒與和諧音頻。每道日出都是奇蹟。每朵花兒都是精緻的造物，是光與愛的出色結晶。每個時刻都充滿了色彩、樂音、形狀和生命力的能量。我可以感覺到腳下的大地母親在深深嘆息。我能夠意識到周圍的空氣隨著能量的上升漩渦旋轉著。每件事物之中，都是偉大的大靈，永恆無限，卻也是個人的、也是為他人著想的。

由於我的瀕死經驗，我開始相信我們都是純粹能量、無窮無盡和永恆無限的顯化，而且我們全都緊密相連。我相信，每件圍繞我們的事物，都是這永恆能量的一部分，即便我們沒有意識到，也會不斷對這包圍我們的能量場有所反應。我相信，我們都有內在能力，可以創造和顯化環繞著我們的宇宙。我也相信，我們可以影響家的能量場，使我們的家變成生活中正面能量的樣板。

遭受槍擊之後，我的生命變成一場追尋之旅，想要更深入了解我在「另一邊」經驗到的一切。關於療癒，我也想要學更多。我的傷太嚴重了，醫師告知我的父母我不會活太久，而且如果我活下來了，接下來的人生都會半身不遂。然而，我跟「永恆無限」的接觸經驗，點燃了體內的療癒力量，燃燒掉懷疑、疼痛以及束縛我的諸多限制，我痊癒得非常迅速。

## 學習多種療癒方法

我開始想了解有關療癒的事情，以及學習替代療法的體系（alternative healing systems）。我很幸運，能在這條路上遇到幾位特別的老師。三十五年前，我的第一位老師，是一位非常棒的夏威夷卡胡那（kahuna，譯註：祭師、巫士），她叫做莫兒娜‧西蒙那（Morna Simeona）。她教導我認識萬物中的能量和意識。她以最實際的方式與樹木及梅內胡內（menehunes，譯註：夏威夷的精靈）對話。內在世界之於她，就像外在世界之於我們一樣真實。

那段期間，我也為西方人士辦過幾場概述的課程，邀請了高田‧哈瓦優（Hawayo Takata），她是來自日本的出色女性。她教導我，如何以靈氣（Reiki）透過身體引導能量來療癒他人。我後來受訓於一位指壓（shiatsu）師父，學會這整套方法，他教我經脈能量系統（這是一門在身體上共同協作的亞洲古老能量系統，針灸和指壓按摩療法就是以此系統為基礎）。我的老師舞羽（Dancing Feather），他是美洲普韋布洛族（Taos Pueblo）的藥師。他教我，簡潔和謙卑的力量，是療癒和改變一切生命的根本力量。

我也很幸運能夠有機會向紐西蘭的毛利族人（Maoris）、澳洲的原住民、非洲波布那（Bophuthatswana）的祖魯人（Zulus）學習。此外，我深深受惠於自身美洲原住民的傳統，也是卻洛奇部落的一員。過去三十四年來，我所做的療癒工作，大多是基於族人傳授給我的三大前提：萬事萬物都是由不斷變動的能量組成的；你與周圍的世界並非分離；萬事萬物都有意識。

## 空間淨化的力量

在我成為療癒師和教師，並了解這三項原則後，才開始對療癒住家感興趣。因為我多年來教過上百場療癒工作坊，變得特別注意到空間淨化的力量。我開始注意到工作坊的成果，除了和我本身的技巧有關之外，常常也和房間的能量和擺設有很大的關係。我可以在兩間不同房間，進行一樣內容的工作坊，而其中一間的成果總是比較好，另一間的成果就沒那麼令人滿意。

這些成果的差異，似乎不能單用心理學的觀點來解釋。舉例來說，如果實際上一個房間能看見窗外景色，而另一間看不到，就會讓人推斷出，是因為有窗外視野的房間是人們心理上喜歡的房間，所以才會產生較好的成果。但實情並非總是如此。似乎建築物本身就會導致特別的療癒成果。

　　我除了發現兩個地點的療癒成果不同之外，也開始注意在工作坊裡也有明顯的差別。常常房間中的某些地方，療癒成果總是比其他地方來得有效。我在同一個房間，對完全不同的人、不同的主題，進行了十場工作坊。待在房間裡某個地方的人們，往往對於得到的療癒成果充滿興趣；在另一處的人們，則是釋放了孩童時期事件的情緒；而在另一個角落的人們，會很明顯的抽離與安靜。

　　當我注意到這個現象在同一個地點一次又一次發生，即便我是對不同的人、進行不同主題的工作坊，我開始懷疑是房間內的物理力學，自然吸引了害羞的人到一個區域，吸引情感脆弱的人到另一個區域，而吸引外向的人到另外一個區域。所以我做了一個實驗。我從房間內的「抽離」區裡挑了一個人，請他坐到「活潑」區。沒過多久，他就變得跟「活潑」區的其他人一樣充滿興趣。

　　我也在私下的療癒工作中，注意到同樣的事情發生。我工作的房間內，似乎有什麼會協助或削弱我的療癒工作。事實上，當房間內能量是對的時候，我幾乎不需要做些什麼。人們只要待在房間，就會開始得到療癒。

　　很快的，我注意到我的花園也發生同樣的現象。我的花園中有一塊地方，長出來的每株植物都很完美，可是就在幾呎之外，明明是相同的土壤，日照、風吹、灌溉和施肥量也一樣，但這區的植物卻長得又慢又矮。我開始了解，地點和居住空間有能量場，會影響我們的感受和療癒的方式。我也明白，我們可以用這樣的方式，影響並改變這些能量場，進而帶來療癒與平衡。

　　當我踏進工作坊的空間時，只有幾項變數可以用來調整空間的能量。我最常做的事情，就是座位安排。我在旅館舉行工作坊時，曾經把幾位飯店經理快逼瘋了。我在工作坊之前，會運用古老的技藝，像是在空中揮舞一根羽毛，吟唱美洲原住民的唱誦，淨化空間中的能量。接著將已經排整齊的椅

子重擺。我來回挪動椅子，試了一種又一種擺法，直到我找到特定的擺法，能讓空間的能量流動得更通暢。事實上，有時我甚至會把講台移到房間另一區，或者改變喇叭的位置。雖然這對飯店經理來說是場惡夢，但整場工作坊的療癒成果卻更驚人、也更有力量。

我在這些個人的實做中另外發現到，將個案的住家納入療癒流程，是很有意義的。例如，一個年輕人來找我，他幾個月來都飽受重度憂鬱症的折磨。他接受過醫師治療，也服用藥物，但他還是覺得非常憂鬱。我的療癒工作會依個案有所不同。有時候我對個案進行前世回溯療法，有時候我建議他們改變飲食習慣，有時候我進行指壓或徒手療法。然而，針對這名個案，我有個直覺，是要從他住家的能量下手。我說道：「可以跟我說說你的抽屜嗎？」

「什麼？」

「跟我說說你的抽屜。」

「我的抽屜？嗯，裡面很髒亂。」

「上一次你清理抽屜是什麼時候？」

他回答我：「我想不起來。」

「我希望你回家去整理你的抽屜。從你臥室的抽屜開始。你今天有任何計畫嗎？」

他一臉茫然，答道：「沒有。」他找我是為了憂鬱症，而我卻叫他打掃家裡，這對他來說一點道理也沒有。

我問他，是否願意直接開車回家，善用方法清理抽屜，丟掉任何沒使用或不喜歡的物品。他雖然不理解，但也同意這麼做。我告訴他，四個小時後會打電話給他，看看他進行得如何。他依然很困惑，但還是開車回家了。四小時之後我打給他，他非常興奮，也很驚訝。

「我不敢相信！我覺得心情很好。我試了各種療法，從來沒有像現在這麼舒服。單單只是清理我的抽屜和丟掉東西，怎麼就能有這樣大的不同呢？」

我向他解釋，我們的家象徵我們自己；事實上，就更深的意識層面來說，家就是我們自己的延伸。我跟他說，家是我們自己的樣板。改變樣板，

就可以影響我們的能量。我跟他解釋，清理他的抽屜就是在改變他的樣板。當他丟掉抽屜裡不需要的物品時，就是象徵性的釋放生活中不需要的事物。象徵性的行為，蘊藏著極大的力量。他丟掉抽屜裡的垃圾，相應的影響他釋放人生中的情緒垃圾。後來，我去了他家，幫他清理並淨化住宅。然而，我感覺到他真正的療癒是從他清理抽屜開始，進行了象徵性的釋放。短短幾個星期後，他就恢復快樂了，還找到工作，再也沒有飽受憂鬱症的折磨了。

　　我一次又一次在施作療癒時，了解到住家對於一個人能量場的影響力。我發現，轉換住宅內的能量，會對一個人的健康、關係、豐盛、創造力，帶來真實的變化。

　　我接受訓練時，學到很多種住家空間淨化的技巧。我的第一位老師，夏威夷卡胡那，教導我淨化住家能量的重要性，教導我如何為房屋驅邪，以及如何驅走地縛靈（鬼魂）。我的指壓老師教導我身體的指壓穴位，賦予我新的洞見，透過指壓訓練，我能夠看見住家和環境中的「穴位」。我在禪寺兩年的經歷，教會我住家擺設與極簡的力量。我學習原住民文化的時候，傳承了好幾個世代的住家淨化技巧。這本書就是彙整我各種訓練的精華，並且加上我個人的洞察，能幫助你將你的家轉化成適合居住的神聖空間。

　　使用這本書中的所有技巧時，一定要熟記這三點：

- 你使用的每項技巧，都會影響家中各式各樣的能量場。
- 當你淨化住宅時，你也在清理人生，因為你的住家就是你的倒影——改變住家能量，就改變了你的能量。
- 你的家擁有意識，你對它的能量做出任何正面的影響，都是提升你跟這生命意識的關係。

# 3

第3章

## 房屋淨化的
## 四大步驟

在運用後續章節提到的任何技巧之前,請先閱讀這
一章。

　　你家的能量場可以變成這廣袤、脈動的能量全景和靈性生命力，也就是宇宙中的一束光。它能夠持續接收來自周圍的無數力量，並且將它自己的特殊能量發送出去，也就是它自身純淨、獨特的意義與力量的閃光。在你淨化住家並創造和諧能量之後，它可以同時作為能量的聚集點和發射站。你的家可以變成時空中的和平之島，吸引宇宙的愛與清明，並將這些特質回饋給這個世界。為了達到這個成果，必須要熟悉住家淨化的四大基本步驟。在這一章中，我會帶你們一覽這些步驟，這對於任何住家淨化來說都很重要：

1. 事前準備
2. 淨化能量
3. 召喚能量
4. 保存能量

　　這四大步驟是基礎，你在後續章節中學到的特定技巧都是奠基於這四大步驟。你可以使用這四大步驟作為基礎架構，因應情況的特殊需求即興創作，放進許多技巧。淨化你的家之前，要先進行以下步驟。

# 1. 事前準備

　　住家淨化的事前準備可以有很多種方法。但淨化之前，要先做一些個人準備。事前準備一定要包括兩件事：首先，你要清楚知道你做的淨化是出於什麼意圖；第二，你要經由自己靈性的和身體的練習來準備。

## 清楚你的意圖

　　　「意圖引導能量。」

　　你做的任何淨化中，意圖都非常重要。這不只是表意識的意圖，還包括潛意識或內在的意圖。你的內在意圖，會決定住家淨化的成果。當你在清理

一處空間，一定要思考你的意圖是什麼。如果意圖是奠基在正面、強大的能量，你所做的淨化就會進行得優美流暢。思考你的意圖也是很好的方式，讓你對於住家內部空間的覺知開始擴展，並與之互動。問問你自己下列問題。

(1) 我進行住家淨化的「整體意圖」是什麼？

如果你表意識和潛意識中的「整體意圖」，是要將輕盈的能量帶進家中，造福居住者，利益眾生，那麼它就會成真。如果你的整體意圖是為了扶養小孩，而要創造安全和神奇的天堂，那麼它就會成真。「你的意圖」可以比作一趟旅程。而「你的整體意圖」就是你的目的地，「你的特定意圖」則像是沿途的路標。花些時間問問內心，你的房子和同住一個屋簷下的人有什麼總體目標？你進行住家能量淨化的目的是什麼？

也可以把你的整體意圖比作創造一棟建築物。房屋建造時，會先蓋鋼筋結構。剩下的建築本體會依據基本結構加以打造。你的意圖就是住家淨化的結構。一旦你在空間中有了能量結構，你所做的其他事情就會根據這個能量架構而連結起來。

針對你要淨化的空間，找到你覺得「正確」的整體意圖。你的意圖可能是要在家中擴大美麗和平靜。或者，你的意圖是要讓居住者擁有充滿活力的健康狀態和幸福。你想要創造一個環境，讓你可以進行夢寐以求的創意工作？或是你希望創造一處溫暖的社交中心，讓親友可以聚在一起，分享希望、歡笑與淚水？創造繁榮和豐盛的避風港，也是另一種整體意圖。

花點時間釐清、清楚定義、寫下來，並和你的意圖一致。你對意圖的定義可能需要花些時間，需要耐心等候，但這是極其重要的第一步。這過程就跟播種前需要養土一樣。你投資的時間與精力，會給你帶來好幾倍的回報。一旦你清楚知道自己的整體意圖，你就不需要一直想著它了。

> 「你的意圖會在淨化過程中滲入家中，即使你並沒有一直想著它。」

不需要一直想著意圖，是因為當你在淨化房子的時候，你的意圖會從你

的個人能量場不斷散發出來。你的意圖會滲入你的能量場，接著你使用的所有技巧都會與散發出來的意圖同步運作。

當你在淨化住家時，你有意識覺察到的，只是真正發生的一小部分。你可能出於直覺，想在窗邊添加一顆透亮的水晶，這個後來才加上的東西，也可能會轉化並以正向的方式製造許多可能性，觸發一連串的事件，帶來深遠的成果。當你的意圖很清晰且專注，那麼你在住家淨化時所做的一切，都會成為充滿力量的行為。你若能一開始就清楚、明確的表達意圖，接下來的成果就會越大。

## (2)我和住在這間房子的其他人，想要的「特定成果」是什麼？

徹底釐清你的整體意圖之後，決定你想要的立即特定成果是什麼。舉例來說，假設你的整體意圖是在家中創造充滿愛和創意的能量，特定意圖是讓你可以在家輕鬆並有寫詩的靈感。這特定的意圖就可以拆成兩個小目的。例如，你可能要創造一個用來寫作的美麗工作空間，它與家中平常的起居空間是分開的。以及，你需要決定這間房間（或者是房間中的一塊區域）的特質是什麼，才會對你的整體目標有所幫助。

如果你的整體意圖是要創造親友可以一起聚會和互相分享的社交中心，那麼你可能要想想，你的內心告訴你需要那些特定的元素，才能讓這個整體意圖成真。如果你在廚房裡放了一張橡木做的大桌子，擺在燈光明亮的空間中央，這樣會讓你看見這裡將成為你家的社交中心嗎？當你準備營養美味的餐點時，人們會聚在這裡一起歡笑和交談嗎？或者，你看見你和朋友在傍晚時聚在這間溫暖明亮的房間，或許壁爐的火焰正發出劈啪聲？這個聚會是單純的享受樂事，還是一起討論公共議題，例如一個支持環境議題的團體？

如果把你的整體意圖當成從飛機上俯瞰的畫面。你的特定意圖就是抵達地表時，注意你所居住的街道、房子、裡面的房間、家具、桌上的書、花瓶中的花──所有你想將整體意圖實現的細節。

要決定特定意圖，你可能要考慮跟所有家庭成員對話，問問他們住在家裡的這段時間，想要什麼明確的目標？他們的夢想是什麼，以及怎麼看待夢想？開一場家庭會議，討論住家淨化的目的，會很有意義。特別談談每個

成員在家時想要有什麼感受。寫下團體的整體意圖和特定意圖，通常會有幫助。這不僅讓你們彼此在團體中更親近，而且每位參與者的能量都會幫助淨化的力量，團體中的每個人都有更大的收穫，新的能量將遍及整間房屋流動。

(3) 我期望達成的「長期成果」是什麼？

當你釐清意圖，要確定包含了你願景中的長期成果。我來跟你們分享幾個例子：

例1：**整體意圖：**有助於藝術創作和創造力的家。
　　　**特定意圖：**把很少用、多出來的臥室清出來，裝上適合工作室的燈，每週安排時間繪畫。
　　　**長期成果：**創作並賣出畫作，開發自己的創意潛能。

例2：**整體意圖：**有助於開發家庭成員靈性的家。
　　　**特定意圖：**在家裡打造一間美麗的靜心室和一處聖壇，家中的物品和色彩會帶來靈性感受，在日常行程中安排每天進行個人冥想的時間。
　　　**長期成果：**所有的家庭成員都增加與各自靈性源頭連結的感受。所有成員在身體和靈性上都更有活力、精力充沛。

例3：**整體意圖：**豐盛和繁榮的家。
　　　**特定意圖：**工作上帶來財務收益，讓人感到豐盛的家中物品（你可以特別列出你想要的物品的特質），實現個人夢想（例如，一趟奢華的遊輪之旅）。
　　　**長期成果：**你不斷擴展、持續成長，總是了解自己有足夠的一切滿足需求。

你的特定意圖清單可能很長或比較短。觀想長期成果時，試著捕捉非常

清晰的畫面。它們可以是你在腦海中看見的美麗畫面，有了美好的目的和深層意涵，你甚至可以將它們注入細小的行為裡。如此，你就會創造未來的樣板。隨著住家淨化，你會將能量滲入樣板裡好幾個月。

## 靈性和物質的準備

執行空間淨化儀式的前一天，決定你要用哪種方式進行。確保你有需要的所有工具。不同的執行者會有不同的準備方針。以下是我的準備方針：

### 前一天

淨化房屋能量的最快方法，就是去打掃它。幾乎所有人都可以注意到房子在打掃前後的不同。大略整頓髒亂的地方，不僅帶來心理上的不同感受，而且當你每一次淨化你的家之後，人們就會感覺到能量場有了輕微改變。我不是說必須將房子打掃得過度整潔，而是我覺得在自己家裡感到舒服、有創造力、放鬆是很重要的事。如果你不想在下廚後還要洗碗，想要留到隔天，那就這樣吧。如果你想要在脫衣服時把衣服往後一丟，就讓它們亂掛吧。我家常常看起來像個大戰場。但淨化房屋之前，打掃你家會很有幫助。打掃得越乾淨越好。清洗窗戶，拿吸塵器將床底下吸乾淨。真的要深入、徹底的打掃全家。這會大大幫助淨化過程，也會為你家創造更強的能量場。

### 前一晚

前一晚不要進食，或是只吃一點點食物，以免就寢時胃還太飽。

準備好隔天進行淨化時需要的所有工具。淨化這些工具，不論是用燻煙的方法（參見第6章），或者，如果天氣很好、很乾淨，前一天可以把工具放在外面曬幾小時的太陽。舉例來說，如果你要在儀式中使用沙鈴，將沙鈴燻過鼠尾草或線香的煙霧，讓煙象徵性的淨化沙鈴，為儀式做準備。同樣，記得要淨化你在儀式過程中會穿的衣服，確定衣服是乾淨的，並且如果天氣允許的話，可以先曬過太陽，或是先用煙燻過。

就寢前，請大靈在你夢中跟你一起，協助你準備淨化。（當我提到「大靈」，我指的是你認為的仁慈上蒼，無論是你信仰的神或女神，還是你走進

莊嚴樹林時得到的特殊感受，或是你相信每個人心中都有的潛在良善。）連結你所認為的大靈，請祂在你睡著時，充滿你全身上下每一個細胞，使你充滿力量，準備好在隔天淨化房子時，可以成為能量的管道。

### 當天起床時

要有最理想的成果，就在太陽升起前或清晨起床。這時候的地球能量很新鮮，而且有強大的能量。

你可以藉由靜心冥想的方式，請求你的指導靈、守護靈、大靈來指引你和協助你。此時，投射出你的能量進入這一天，觀想或想像你走進一個又一個的房間，淨化並清理每個房間。接著，想像儀式完成後，你整個家都散發著明亮閃耀的能量。

你可以洗個鹽水澡。在儀式前，先沐浴淨身。把四百五十公克的鹽倒入水中，至少泡二十分鐘（參見第97－98頁）。泡完澡後，就可以洗掉鹽水了。如果你沒有浴缸，淋浴時輕輕在全身上下抹些鹽，用鹽敷幾分鐘，接著沖洗掉。如果你是用淋浴的方式，要確定你有把鹽抹到腳底板。

接著，你穿上特地為儀式準備的衣物。不要穿戴任何珠寶。我覺得最好是不要穿鞋子，因為你的腳底更能覺察到房子的能量，不過光腳並非必要。拿出你要用來淨化的所有物品，你現在準備好要開始了。

## 2.淨化能量

房間中的能量，可以跟山上的溪水相比。想像一下溪流有很多蜿蜒處，在轉彎處隨著時間堆了許多葉子、樹枝、垃圾，部分堵住了清澈涼爽的小溪。你可以彎下來清理它，但過一段時間，越來越多的葉子往下漂，葉子又會堆積。空間淨化，就像是移除小溪中的垃圾，讓你可以為房間中能量停滯的地方帶來能量。不過，你會注意到經過一段時間後，能量又會在那些角落變得遲緩，因此我們有必要定期進行這個儀式。

在你開始為家注入新的能量場之前，一定要先淨化整體的能量。在淨化之前，要先召喚能量到家裡來。如果沒有做這個動作，就像是挑了一束美麗

的花，卻把它們放入插著枯萎花朵的花瓶裡。空間需要淨化的原因，是因為能量停滯之後，停滯的能量就會影響到住戶的健康和福祉。能量特別會在房間的角落停滯下來，因為能量以循環、螺旋的方式移動，遇到角落會有所阻礙。房間中曾住過病人或住戶有些負面情緒，也會讓能量停滯。房間中的物品散發出來的能量，或物品的擺放位置也會讓能量停滯。

有許多方法可以清理家中停滯的能量。在後續的章節中，我會分享許多技巧和方法，讓你可以用在你的淨化工作。決定要在淨化過程使用哪種方法時，我建議你先接近房間，就像雕刻家在開始雕塑前，會先靠近一塊大理石。雕刻家會先拿大槌頭，往原石大力敲下去，破開原石。接著，使用的工具會越來越精細；最後，只用最細緻的磨砂紙打磨成品，直到散發熠熠光澤。

開始淨化之前，你可以先站在一旁，讓空間自己跟你說話。清楚觀想完成後的樣子，就像雕刻家在未切割的原石中看見了複雜精細的形狀一樣。腦海有了清楚的畫面後，從最有力的工具開始，破開並移動房間內的能量。過程中，你會想要使用更多精細的空間淨化工具。例如，如果你要用搖鈴淨化能量，就從最大、最響亮的搖鈴開始。當你用搖鈴繞了房間一圈，接著使用更高頻、更精細的聲音，或許是更小的搖鈴。用的搖鈴越來越精細。或許你最後選用的樂器是音叉，它能創造出非常精微的能量。

從站在家門前開始，將心念集中在淨化能量。當你踏進家門，我建議你做以下動作：

### (1)開放自己，讓能量流遍全身

伸展身體的每一個部位。能量沿著身體的經脈流動，也會沿著骨骼表層流動。當你的生物電能流過全身關節時，必須要讓關節鬆開暢通，確保所有的關節都伸展開來。

舞者和武術家用來暖身的動作很有用。例如，從慢慢把手指帶往天花板開始，先是一隻手，接著另一隻手。確保動作緩慢流暢。重複幾個循環後，你可能想要慢慢將手臂往一邊伸展，接著是另外一邊。做這個動作時，膝蓋微彎，重複幾次，接著慢慢碰觸腳趾。這只是一個建議。任何你覺得很好的

暖身運動都很適合。不要做出任何會導致疼痛的動作。重點是要讓能量流遍你的身體，解開卡住的部位，好讓喜悅和光能進入你，滲入從頭到腳的每一個細胞。

同時，開始前要喝一大杯「充滿能量」的淨水（參見第5章）。喝杯水能促進生物電能流遍全身。有很多方式可以幫水注入能量。你可以將手放在水杯上方，射出（想像）彩虹光經過你的手注入水中，或者把水杯放在日光或月光下，曬兩個小時。

### (2) 擴展你的氣場，充滿房間

踏入你要淨化的房間中央。在心中宣告並發出整體意圖到這個房間。開始做深層、完整的呼吸。每一次吐氣時，都擴展你的氣場，充滿房間。擴大你的自我，讓你成為這個房間。讓每一次呼吸都包圍整個房間，直到你覺得你在吐納整個房間。

### (3) 獻上祈禱

靜下心，獻上祈禱，感謝你在淨化空間時會接受到的協助。最好的禱詞是發自內心的禱詞，而非固定不變和背誦起來的禱詞。祈禱時，祈求指導靈和大靈協助你待會要進行的空間淨化儀式。

### (4) 啟動雙手的能量

捲起袖子，啟動雙手能量。確定你的雙手保持乾淨。啟動雙手能量的一個有效方式，就是將雙手掌心相對，間隔幾公分，接著緩慢移動雙手，讓兩個手掌互相靠近、再分開。感覺就像雙手各有一個磁鐵，這兩個磁鐵互相推拉你的雙手。同時，想像手掌中間有顆光球。想像光球隨著雙手的動作越來越亮。這個時候，持續做完整的深呼吸。

### (5) 繞行房間

從房間最東邊的角落開始，繞行整個房間。使用左手，感覺和觀察哪些地方的能量覺得「黏膩」或奇怪。右手持搖鈴或沙鈴、噴霧、鹽等工具淨化

能量。

讓你的心指引你去能量場有所停滯的地方。敞開你的頭腦，接收這樣的訊息進入。如果你起初很難感覺到停滯的區域，並不用擔心。如果你在意識上不知道哪裡有能量停滯的地方，保持耐心，信任你的較高自我絕對知道哪裡需要淨化。經過練習，你將更熟練，能快速覺察到那些區域卡住了。放下懷疑和過度理智的方法，就是要發展你的直覺。

你可能發現有時候你想要用右手感知能量，用左手拿淨化工具。這絕對沒有問題。重要的是，要做你覺得最適合的方式。有時候，你也會需要用雙手來淨化能量。傾聽房間的聲音，你就會知道何時該進行。對房間內的所有能量，敞開心，你最終會聽見你被要求做什麼事，也能夠因應任何空間或情況的個別需求而調整方式。一定要根據你手上的工具，以及個別房間呈現給你的情況來調整儀式。

當能量越來越輕盈和精微，繼續繞行房間。要辨別房間的停滯能量何時被清除了，有四種方式：

- 顏色看起來更明亮，就像大雨過後的陽光一樣。
  （能量停滯的房間，看起來很晦暗而了無生氣。）
- 聲音更清脆、響亮。
  （能量停滯的房間，聲音像被悶住一樣。）
- 你感覺呼吸變得更深層。
  （能量停滯的房間，你常會呼吸短促，或好像缺氧一樣。）
- 你感到更輕盈、舒暢。
  （能量停滯的房間，會讓你感到沉重，甚至像是你試圖走過糖漿一樣的黏稠感。）

# 3.召喚能量

清除家中的停滯能量之後，你會想要注入散發光芒和清明的能量。這個動作稱為召喚（invoke）、祝聖（consecrate）、奉獻（dedicate）或聖

化（sanctify）能量。這些詞彙都是用來形容你將能量「呼喚」進入住家的時候，而我會交替使用這些詞。《美國傳統英語辭典》（*American Heritage Dictionary*）對於這些詞彙的定義很有用，因為它們都描述了這個過程中的特質和力量：

召喚：呼喚更高力量前來協助、支持或啟發。
祝聖：宣告或使其變為神聖，奉獻於服務或目標，使其莊嚴或神聖。
奉獻：使其成為神靈或宗教目的，使其有特殊用途。
聖化：使其用作神性用途，使其變得神聖，使其產生神聖或靈性祝福。

淨化住宅後，一定要「呼喚」或召喚能量進入。沒這樣做的話，就像是清理了花瓶，卻沒有把鮮花插進去。你可以用原本淨化的工具「呼喚」能量。但當你使用同樣的工具，就要改變你的意圖。你是要「呼喚」能量，而非淨化能量。舉例來說，你一踏進家時，先用搖鈴震開停滯的能量，接著可以用同樣的搖鈴召喚能量和大靈。鼓是驅散停滯能量的強效工具，但也可以接著用來召喚療癒能量注入家中。

當你聖化住家，你就是在請求大靈的能量充滿你家，你就是在呼請靈性領域的指導靈帶著療癒及愛的能量前來。

## 具體說出你要的能量

呼喚大靈的能量進入家中時，要具體知道你想要哪種能量在住家流動。或許你想要為住家獻上療癒的能量，又或者你想要獻上歡樂。一旦房子淨化完畢，就像一塊未經彩繪的畫布：你可以填上你渴望的一切。我建議你為整個房子獻上同一個目的（整體意圖），接著你可以到一個個房間，針對特定意圖，召喚不同的能量。舉例來說，你可能想要為整間房子獻上「家人的心情安康」，接著為青少年的房間獻上「思緒清晰、清楚目標」的能量。為子女房間獻上的能量不會脫離全家的整體意圖，但會針對個人需求而特別調整。召喚能量的流程跟淨化能量的前三個步驟很類似。

### (1)開放自己，讓能量流遍全身

淨化完住家後，你需要改變身體的齒輪才可以聖化房屋。開始時，輕柔「甩動」全身，在身體條件允許的程度內就好。讓身體全然鬆開。做幾次深呼吸，然後單純「甩動」。感覺甩動好像是從身體深處難以察覺的振動開始，並開始蔓延全身。訣竅在於你不用決定要如何「甩動」，就單純的讓自己被「甩動」著。過程中，完全拋開你的頭腦。「甩動」時，從過去和未來收回你的能量。時間只是虛構出來的、錯誤的幻覺。「甩掉」過去的念頭，「甩掉」未來的擔憂。釋放一切，進入美好的當下。過程中，創造力和能量會完美綻放，充滿你的身體。讓甩動漸漸平息下來，完全靜止一段時間，敞開自己，讓能量流遍全身。

### (2)擴展你的氣場，充滿房間

讓所有屬於你的能量和意識充滿住宅（這統合的所有能量使你成為獨特的個體，我們有時稱之為一個人的氣場）。想著你的意圖，你想要為住家召喚什麼能量。讓你的意圖隨著能量的波動浮現。開始做完整的深呼吸，每次吐氣時，不斷擴大你的氣場，充滿每個房間。擴展你的自我，讓你變成整個房子。讓每一次呼吸都包圍整個房屋，直到你覺得你在吐納整棟房屋。

### (3)獻上祈禱

讓你的心靜下來，請求良善的指導靈和守護靈充滿整個家。再說一次，最好的禱詞是發自內心的版本，而非固定不變或背誦起來的禱詞。不過，作為範例，我列了一段非常基本的禱詞，可以用來聖化你的住家。要聖化整個家的話，就站在最接近房屋中央的房間。

> 「願居於萬物之中的造物者前來，充滿這個家。
> 我要求這個家成為所有進入之人的聖殿。
> 我要求這個家散發良善的一言一行。
> 願這個家為住在裡面的人帶來舒適與療癒。

　　　　願這個家成為光與愛的療癒中心。
　　　　以神聖造物主之名，謹此要求。」

　　當你完成祈禱，你可以用任何選定的工具「封存」能量。如果你用搖鈴，在每句禱詞之後，搖一下鈴；並且在所有禱詞結束後，莊嚴的再搖一次鈴。另一個方法是在禱詞結束後，朝四個方位灑水。請記得，你使用什麼樂器並非重點，而是你心裡和頭腦認為儀式過程中最重要的是什麼。

　　祝聖完整個家，接著去各個房間，召喚能量進入每個房間（記得加入特定的意圖）。祝聖房間時，要站在每個房間的中心。如果是很大的房子，不需要在每個房間花太多時間，但重要的是，每一個房間都有收到。當你淨化一個家，即便是衣櫃、角落、轉角都要淨化；但召喚能量注入房間時，就不需要注入每一個衣櫃。你的意圖可以在淨化過的房間裡，流過暢行無阻的能量通路。開始前，只要打開每一個房間的每一扇門就好。

　　當你聖化完整個家，確定你獻上祈禱，感謝接收到的協助。

# 4. 保存能量

　　一旦你清理完有停滯能量的房屋，也召喚能量注入家中，就必須要保存你呼喚來的能量。我用我叫做「居家保護者」（Home Protectors）和「居家能量供給者」（Home Energizers）來維持和供給被召喚而來的能量場。在第14章，有許多例子讓你可以用來保存你在家中「設定」的能量。舉例來說，召喚儀式結束後，你可以拿一顆淨化（參見第101－103頁）和聖化過的水晶，為住家帶來平衡與祥和。你可以把水晶放在家中央的房間，如此便可以散發平衡、和平的能量。

　　另一個保存能量的例子，就是在紙上清楚寫下整個家的整體意圖。接著你可以拿一株盆栽，它唯一的目的是用來協助你保存創造的能量。將寫好意圖的紙對折，放入最靠近植物根部的土壤中。每次你幫植物澆水時，就是重申你家的整體意圖，並知道植物的生命力會促進你家的能量。

　　以上的四大步驟是這本書其他所有技巧的架構。只要你照著做，你的家就會閃耀著美好燦爛的能量。

　　必須一提的是，這些技巧是為了淨化你自己的家，它們可以帶來很棒的成果。然而，在你還沒接受額外的密集訓練之前，請你不要把這本書當作營利用途的手冊，去淨化別人的家。我舉「居家淨化專家」為例，也就是執行「乙太設計」（Etheric Design）的「室內重新校準師」（Interior realigner）。這些專家不只能夠清理和淨化住家能量，他們還擅長解決住戶的心理隱憂，而這一點，就任何專業的住家淨化來說，絕對非常重要。

# 4

## 第4章

# 潔淨的火元素

森林中寂靜的黑暗，凸顯了火堆劈啪作響的聲音。平滑的圓形石頭繞著火堆排成了一個大圈。一位年長的藥師從樹林中黑色的陰影處走出來，踏進聖圈。他高舉雙手伸入夜空，開始慢慢搖著沙鈴。他沿著火堆繞啊繞，粗糙的手指握著鹿角做成的菸斗。沙鈴發出的旋律，在夜晚的陰影中此起彼落，發出穿越時空的「呼喚」。藥師呼請火之靈，呼請祖靈，呼請靈性盟友，呼請大靈。

藥師的動作戛然而止，慢慢望向夜空。一顆流星劃過天堂的道路。他微微嘆息，莞爾一笑。聖圈來了很多夥伴，令他覺得相當滿足。藥師就在漫長夜色坐著，注視著火堆中的餘燼，等待日出。

從史前時代的人類開始，就對火的力量感到著迷。從第一位山頂洞人發現如何點火來驅除黑暗和寒冷開始，火一直都被認為是神聖的象徵。火被認為是眾神賜予的禮物，用來進入看不見的靈性領域。原住民部落的族人會圍著晃動的火焰呼喚神靈前來。藏傳高山佛寺的喇嘛，會凝視著火焰，持誦諸佛菩薩的經文。古代的先知會看著火光的移動，預知未來，檢視過去。

火，跟水、風、土一樣都是生命的主要元素之一。我們著迷於火的根本存在。火是純粹的能量，一直以來都與大靈有關，與生命火花和更新的力量有關。火可以維繫生命，亦能摧毀生命。火可以帶來淨化和轉化，也會帶來毀滅。火是可見與不可見、光明與黑暗、能量與形式的橋梁。

打從時間之初，也因為許多宗教將火與神聖連結，火一直用作儀式用途。在希臘神話的故事裡，只有眾神能用火，直到普羅米修斯偷了聖火，給予人類。許多文化中，聖火會在村落中心持續燃燒著。這在古埃及、波斯、希臘、印加、羅馬時代都是這樣。印第安卻洛奇族在一年一度的玉米節裡，會在龐大的七面體建築中重新點燃「至聖之火」，認為能夠凝聚部落的靈性。聖火讓他們感到與祖靈、星辰、偉大的遠方連結。許多宗教將火與光明、靈性畫上等號。後期的基督教、猶太教、印度教都在神聖儀式中使用火。

在家裡用火作為靈性淨化和奉獻，是最古老、最有保障、最快速的空間淨化技巧，因為火能夠作為已知與未知的橋梁。火超越了形式，卻也包含著形式。當火消耗自身的燃料，它絕對就是淨化者和轉化者。轉化的最佳象徵，就是浴火重生的鳳凰。鳳凰不只是從之前的形式重生，而且也是喜悅、光榮的向外翱翔，是神聖的靈魂。煉金術師視火為「變質的中介」，他們相信萬物起源於火，也回歸於火。

許多文化，都把火視為轉變的催化劑。在古代中國，當一間房子著火了，村民不會衝去救火，因為他們相信火在潔淨充滿失衡能量的房屋，因此讓火燒一會兒是好事。（但我個人還是很高興我們現在有消防員和消防車。）

　　火是非常棒的住家淨化工具，可以促進過程中的四大重要環節。使用火元素來淨化房間和屋子時，必須要先做一些個人的事前準備，接著才能用火元素淨化殘留或停滯在房間中的能量。淨化完房間之後，火可以用來召喚提升生命的能量充滿房間。呼喚陽光進入家中，可以協助你保存召喚來的能量場。

# 連結火之靈的事前準備

　　以下有幾項技巧能夠讓你在用火元素淨化房間能量前，為個人的事前準備帶入火之靈。你越能連結並「呼喚」火之靈進入你，就越能為住家注入更多擁有振奮生命特質的火元素。

**連結火之靈的步驟：**

1. 安靜坐著，讓思緒沉澱下來。
2. 點燃蠟燭，平穩的凝視火焰。
3. 感覺燭火的溫暖。想像火焰的溫暖布滿全身。
4. 擴展意識，想像你成為太陽。感受太陽的溫暖充滿全身，你的全身散發著溫暖。
5. 觀想「火之靈」充滿你的全身。宛如翱翔中的浴火鳳凰，讓火的力量與美充滿你。火蘊藏著極大的美。火可以是修道院裡的一盞燭火，或是晚霞中紫橙交融的烈焰。火是流星劃過天堂的冰藍之火，但也可以是夏日草地上的溫暖陽光。去感覺，並找到你對火的認知。對有些人來說，是透過身體感覺來連結火的能量。他們可能感覺到一股溫暖流遍全身。對其他人來說，則是透過心靈畫面來連結火焰。接下來介紹的冥想方法，都可以協助你連結火元素。連結你頭腦和靈魂中的火焰，接著你的淨化儀式就會充滿力量，非常明亮。
6. 感謝火之靈注入你，以及你的家。

## 藍色火焰的冥想

　　這個冥想可以更進一步用來連結你內在的火之靈。你可以錄下來放給自己聽，或是在住家淨化儀式之前，在心中進行整個冥想。這個方法非常棒，可以敞開自己接收火的能量。當你將注意力向內收攝，在整個冥想過程中，你會發現「內在空間」的廣大世界就跟外在世界一樣真實。這個冥想會幫你進入深層的放鬆，也會轉換你的意識，增進感知的能力，以及覺察到房間或屋子裡的能量。

　　開始這段內在旅程之前，身體保持舒服的姿勢，確定你的脊椎是挺直的，身體沒有束縛。讓你的眼皮越來越沉重，輕鬆、自然的越來越沉重。你的全身在每一次呼吸時都感到越來越放鬆，從頭頂一直往下到腳尖，越來越深層，越來越放鬆。隨著呼吸，隨著時間的流逝，你感到越來越放鬆。現在，開始觀照你的呼吸，單純觀照你的呼吸起伏，吐氣、吸氣。每一次呼吸，都讓你感到越來越放鬆，你的身體進入肌肉完全平衡、平靜的狀態。

　　想像肌肉是成對的，有一條肌肉拉向右邊，另一條拉向左邊；有一條肌肉往上提，另一條往下扯。每一次呼吸，你的肌肉都會進入完美的平衡，身體感到沒有重量。身體和頭腦都進入完美的和諧。

　　做幾次緩慢的深呼吸。每一次呼吸，都感到自己更放鬆。讓所有思緒、關心的事情和憂慮，都像溫暖夏日午後的雲朵般飄過頭頂。現在，你全然放鬆了，想像你在一座非常美麗的神廟裡。神廟中央有一束高大的藍色火焰，比你的頭還高。你發現自己向藍色火焰走去。當你將雙手伸到火焰外緣，你注意到火焰中有一道清涼的微風襲來。這是藍色聖火，能帶來更新、恢復活力，以及淨化。現在想像你自己踏入這清涼的藍色火焰中。當你站在火焰中央，你發現內在的所有雜質都分解了，內在升起清明與平衡。

　　現在，保持靜默，傾聽內在的聲音，傾聽內在的知曉和願景。感覺有一股深層的寂靜和祥和，安住在你的內心。過程中，你敞開自己，接受指引。

　　當你站在藍色火焰裡，允許這些話語深深沉入內心。不管多遠都可以到達，因為你知道你不受拘束。在這一天裡，你內在的光，明亮燦爛。你與所有可見與不可見的萬物達到和諧，而其他一切也與你達到和諧。你是敞開

的，你能輕鬆表達感覺。你在生活的各種情況都很放鬆。你能自由的接收愛，而愛就在你周圍。你非常健康，全身每個細胞都散發著健康的能量。每一次的經驗，都是讓你成長和擴展的重要體驗，而你也珍惜每個經驗。

你能夠自由的接收愛。你為自己的人生負責，完全負責。你深深呼吸、放鬆、平衡。你能主導自己的人生。你開放接收新的想法，接受生命要給予的豐富。創意源源不絕；你現在就起身行動。你所有的行動都恰如其分。你感到平靜、放鬆。

你的周圍都是愛，而你也被愛著。你與靈性達到和諧，知道自己就是無限、不朽、永恆、宇宙。這是你的好日子。帶著喜悅與平靜過日子吧，知道有一個屬於你的神聖計畫，而且你與那個計畫完美連線。你清楚看見內在的領域，允許這強大的療癒生命力遍及全身。

現在踏出藍色火焰，知道你已準備好要開始淨化房間了。當你張開雙眼，你會感到專注、機靈，卻又非常放鬆。

## 燭火的冥想

這是另一個可以在房間淨化前做的冥想。點燃蠟燭。現在，坐在蠟燭前，把注意力放在燭火中的藍色火焰，吸氣、吐氣，專注於藍色火焰。這會讓你專注於自身的內在能量。感受能量伴隨著溫暖、清明、放鬆，充滿全身。這個冥想幫你更能接通直覺，為淨化做準備。

冥想的最後，將雙手放在蠟燭上方至少三十公分以上，在火焰的溫度中，溫柔的「清洗」雙手。確保你的袖子都已捲起，免得釀成火災。這個象徵性的手部清潔動作，對於任何要運用雙手的技巧來說，特別重要。

## 呼請從太陽來的火

有些人認為「呼請從太陽來」的火，是住家淨化最有力量的火。要從太陽「呼請火焰」，需要晴朗的天氣，只要在室外拿支放大鏡，底下放一張紙，直到有零星火花產生，接著謹慎將火焰轉移到蠟燭或壁爐。

# 火元素的淨化能量

我的第一位老師，莫兒娜·西蒙，是一位夏威夷療癒卡胡那，她教我強大的火元素淨化技巧，可以瞬間淨化房間中的能量。我認識莫兒娜的方式很特別。那時我才二十歲，住在夏威夷。有一天早晨醒來時，我想著來個按摩多好啊。我從來沒有找過專業的按摩，但我聽說過按摩的好處。我翻閱檀香山黃紙電話簿，只是為了一頁一頁找按摩師，但我不確定要打給誰。

夏威夷皇家飯店是威基基的一間豪華老飯店，也列出了按摩中心的電話，所以我打電話過去，預約當天稍晚的按摩療程。抵達按摩中心時，我若無其事的坐在等候室，翻閱雜誌。突然間我「感覺」有人進入房間。當我抬起頭，我看到一位美麗的中年夏威夷婦女，帶著溫暖、友善的眼神看著我。我開始啜泣，接著變成嗚咽。我非常困惑。我坐在飯店的按摩等候室，不知所以然，情不自禁的哭泣。當我能開口說話時，我說：「我怎麼了？我為什麼在哭？」

她溫柔親切的說：「這只是單純的釋放而已，別擔心。跟我來吧，我是妳的按摩師。」當下，我知道我遇到一位非常特別的人了。

我隨著她走過長廊，所有物品在前一刻原本似乎沒有生命，突然間彷彿活了過來。我盯著一小瓶花，每朵花都閃耀著生命力，似乎在哼唱。走廊的牆壁似乎在呼吸，前後脈動著。每件事物看起來「很正常」，卻又完全不同。好似我周圍的世界瞬間都活了過來。我非常訝異，可是它們又似乎很自然、很正常。到了按摩室，莫兒娜請我躺上按摩床。當她把手放到我身上時，我感覺有一股電流遍及全身。我很快就進入深層的睡眠。按摩結束後，我醒來，感到煥然一新和清爽無比。我醒來時也知道，我想要跟這位傑出的女性學習。

莫兒娜來自源遠流長的療癒卡胡那。她的母親、外婆、母系祖先都曾是卡胡那。最後，莫兒娜被認定是美國的國寶級人物。

起初，莫兒娜拿不定主意是否該訓練我，但她發現我有美洲印第安人血統後，她就同意了。（儘管我的血統對莫兒娜來說很重要，但我不認為你必須要有原住民血統才可以理解大地文化的古老智慧。我相信理解力來自於你

的內心，而非血脈。）跟著莫兒娜學習的訓練期間，我學到了夏威夷的療癒技巧和按摩技巧。我也學到了藥草醫學。莫兒娜常常被人請去驅除房屋和身上的靈體，她也教我如何淨化屋子和房間的能量。雖然她的技巧通常都是承襲自古老的儀式，但她也在這些儀式中納入現代的要素。她的火元素淨化儀式，一直是我認為最強大的淨化技巧。

如果房間中有任何爭吵或緊繃的情緒能量（留下厚重的感受），而我想要快速淨化，我就會使用這項技巧。如果房間曾有病人，使用這項技巧也很棒。你會發現空間中的感覺瞬間有了改善。

我使用這項技巧的另一個時機是搬進新家，想要除去沉滯能量的時候。對療癒師來說，這項技巧也很棒，可以幫助療癒師淨化一天下來個案殘存的心靈能量。

要進行火元素淨化能量的話，你需要以下物品：

1. **耐熱的玻璃深碗**：金屬材質並不適合，因為金屬會與鹽產生作用。一定要用耐熱玻璃，一般玻璃或陶瓷通常在火焰的熱度下會裂開。碗一定要夠深，才能盛火。（至少要十到十五公分深，越深越好。）
2. **幾塊耐火磚**：用耐火磚將耐熱碗跟地面保持距離，以免把地毯或地板燒焦。
3. **一茶匙的酒精**：（以防起火，任何情況絕對不要加入過量的酒精。）莫兒娜通常都用外用酒精，但任何酒精都可以使用。
4. **兩茶匙的瀉鹽或海鹽。**
5. **滅火毯**：這非常重要。

開始之前，請閱讀以下「**注意事項**」。接著，將耐火磚放在要淨化的房間中央，放在完全不會釀成火災的地方，這點非常重要。將耐熱碗安穩的放在耐火磚上方。清楚了解儀式和供奉火的意圖之後，將瀉鹽加到碗底，並倒進一茶匙的酒精。在酒精揮發前，用長火柴棒點燃。

靠近火焰，坐或站著。專注於火焰上，腦海想著火的目的。讓火持續燃

燒,直到完全燒盡。耐熱碗會非常燙,所以你一定要放涼五分鐘再拿。

你會立刻察覺到空間有所不同。火元素淨化之後,原本似乎很沉悶的房間,會更清晰、更有生氣、更潔淨,顏色也會看起來更明亮。進到房間裡的人也許或說,他們感覺更能輕鬆呼吸了。

**注意事項:**

點燃這類火焰時,使用蠟燭前要確保你的雙手沒有沾到任何酒精,以免雙手著火。以及,臉部和衣物要保持適當距離,確保附近沒有可燃物。點燃之後,千萬不要再添加酒精到碗裡,因為火焰有可能會波及酒精容器。我也建議,為了安全起見,你要在隨手可得之處,準備滅火毯或金屬蓋(非水性滅火器),在意外發生時,可以迅速熄滅火焰。火還在燒的時候,千萬要在場,讓小孩與寵物遠離房間。如果沒有遵守這些措施,有人不小心造成失火,那麼急救的建議就是用冷水澆熄火焰。然而,如果你遵守這些簡單的預防措施,就不會有任何問題,你可以在淨化室內空間前,先在戶外不會著火的安全區域,測試這些流程。

即便我沒有在淨化技巧中使用火,我也幾乎都會在淨化的空間裡點燃一盞蠟燭,因為它可以幫我中和任何在淨化過程中釋放出來的停滯能量。每次點燃蠟燭時,確保你都在現場,而且是在安全的地方。在家安裝煙霧探測器,是聰明的額外保護措施,特別是在你使用蠟燭或點燃其他沒有罩住的火焰時。這些探測器應該要定期檢查。

# 召喚火元素的能量

火是有生命的存有。火跟我們行走在上面的地球、以及我們呼吸的空氣

一樣，都具有相同的生命力。火之靈充滿溫暖、熱心、熱忱，會是你的日常夥伴，可以幫助你的家充滿光與生命。

僅僅只是點燃蠟燭，就可以改變你的意識狀態。燭火可以提升空間中的能量，協助你與具有生命的火之靈連結。

你可以用火奉獻或召喚新生、純淨的能量，注入已經淨化過的房間。用火召喚能量注入房間，最常見的方式就是透過蠟燭。

有很多形狀的蠟燭，可以讓你用來召喚新能量。多數蠟燭都是由蜜蠟、石蠟、硬脂酸甘油製成；有些蠟燭的蠟油會往下滴，有些則不會。儘管任何材料製成的蠟蠋都可以使用，但如果可以的話，我傾向用手作及手工浸製的蠟燭，因為這些蠟燭蘊含製作者投入的創造靈魂。點燃這些蠟燭後，創造的靈魂又再一次釋放出來。所有不同的蠟燭類型，像是細蠟燭、柱狀蠟蠋、杯裝蠟燭、許願蠟燭等，都可以根據不同需求而使用。使用任何火或蠟燭時，都要極度謹慎。要確定蠟燭燃燒時都有人在場，並且火焰附近沒有任何易燃物（包含窗簾）。

使用蠟燭時，有兩個重要的觀念：第一，專注於你的意圖。這個意思是指，點燃蠟燭之前，你要非常明白自己為什麼要點蠟燭。專注於你希望在特定區域產生的成果。第二，稱之為「強化目的」。這是在點燃蠟燭時，非常專注或投射你的目的。

西方文化的傳統裡，對著生日蛋糕上點燃的蠟燭許願，就是專注於意圖；而專心的吹熄燭火，就是強化目的。這很像住家淨化技巧中的機制。

## 專注於意圖

一旦房間淨化過了，準備好利用蠟燭奉獻給空間中的能量。把未點燃的蠟燭拿在手中，花些時間讓自己歸於中心，想像自己被散發的平靜包圍。接著，專注於你的意圖，你渴望為這空間創造什麼樣的成果。你或許渴望房間充滿光明與溫暖，或者你的意圖可能是想要創造保護與安全的成果。

接著，把蠟燭靠近胸口中央，也就是你的心輪位置（這裡是與愛有關的能量中心）。或者你可以舉到頭頂上方，請求大靈，或任何你信仰的更高力量，請祂們給予祝福。祝福蠟燭，沒有所謂正確的方式。總是依循你覺得對

你來說是最好的方式，遵循你內心的智慧。

# 強化目的

把未點燃的蠟燭，放在房間中的安全區域，做三次完整的深呼吸，開始感覺平靜在內心擴展。允許你為這房間要創造的成果的「感覺」充滿你，接著開始觀想這房間充滿那種感覺。當感覺／觀想非常強烈時，點燃燭芯，感覺強化過的目的。此刻，燭火就會扮演放大器，投射你的念頭和感覺到房間裡。

現在，純粹凝視著火焰，讓你的意圖充滿房間。你甚至可以大聲或默念幾次，你想要傳達給房間的願望。例如，「和平、和平、和平。」專注於蠟燭時，要知道能量將透過你的意圖和強化，充滿了房間。

現在，單純的放下和放鬆。這就是真正的魔法出現的時候。某些傳統不會用吹的方式熄滅蠟燭。你可以捏熄火焰，或是使用滅燭器，這麼做是出於對火之靈的尊敬。

# 蠟燭和顏色

將火的力量和色彩的能量結合，會有特別的力量；毫無疑問的，色彩影響了我們的一切。當你挑選淨化住家能量的蠟燭時，我建議你要注意你所選的顏色，使用的顏色最能符合你希望達成的願望。舉例來說，如果你想要在家中創造和平及平衡的感覺，可能要選擇藍色系的蠟燭。如果你觀想生命能量滲入空間，可能要使用黃色系或紅色系的蠟燭。

奉獻特定的願望，都有傳統上相關的顏色。如果你要尋覓愛情或希望懷孕，你可能要在臥室點上粉紅蠟燭。如果你試著增加豐盛，綠色蠟燭會有所幫助。黃色蠟燭可以提升喜悅和愉快的感覺。以下關於色彩的資訊或許能協助你挑選蠟燭顏色。

### 紅色蠟燭

如果你想要激發身體活動，可以在房間點燃紅色蠟燭。舉例來說，如果你有個房間或地方有運動設備，而你想要增加體能，你可以在那個區域點上

紅色蠟燭。或者，你的伴侶關係中已經少了性趣，你可以在臥室點燃紅色蠟燭，獻上熱情的意念。

點燃紅色蠟燭時，可以誦念以下的禱詞：

> 「我將此紅色蠟燭獻給勇氣、力量和熱情。願紅色夕陽那燃燒中的生命力，現在充滿這個房間！願所有進入這個地方的人，都充滿力量、決心、熱忱。」

### 橙色蠟燭

可以在親友聚集的房間裡，點燃橙色蠟燭。舉例來說，你可以在舉辦派對之前，藉由點燃橙色蠟燭，刺激這個房間充滿友情和熱忱。你需要在晚上之前，把蠟燭獻給喜悅和快樂。

點燃橙色蠟燭時，可以誦念以下的禱詞：

> 「我將此橙色蠟燭獻給喜悅、樂觀。願朝陽升起時的橙色彩霞，充滿所有進入這個房間的人，為他們帶來友誼的溫暖，也能充分自由的表達。」

### 黃色蠟燭

黃色蠟燭可以用在小孩的書房，或者是你想要激發哲學思辨或增加專注的房間。

點燃黃色蠟燭時，可以誦念以下的禱詞：

> 「我將此黃色蠟燭獻給陽光的清明。願這個房間，充滿喜悅與清楚的專注意念。為所有進入這裡的人，帶來智慧、喜悅的交流，以及好運。」

### 綠色蠟燭

綠色蠟燭在所有家人待著的地方都很有用。當房間中有人生病，綠色蠟燭也很有幫助。綠色蠟燭激發平衡、和諧、平靜、希望、成長和療癒。

點燃綠色蠟燭時，可以誦念以下的禱詞：

> 「我將此綠色蠟燭獻給療癒、重生和豐盛。願春天葉子展開的顏色，充滿這個房間，帶來療癒、和平、更新和活力。」

### 藍色蠟燭

藍色蠟燭非常適合在進行冥想的房間或臥室使用。

點燃藍色蠟燭時，可以誦念以下的禱詞：

> 「我將此藍色蠟燭獻給平靜和內在真理。願所有進入這房間的人，都被廣闊天空的溫暖藍色觸碰，願這個房間充滿大靈和平靜。」

### 紫色蠟燭

紫色蠟燭跟藍色蠟燭一樣，都帶來舒緩的能量。此外，紫色常常跟靈通力的覺察和直覺有關。我推薦在冥想室或住家聖壇裡，使用薰衣草色和紫羅蘭色蠟燭。

點燃紫色蠟燭時，可以誦念以下的禱詞：

> 「我將此紫色蠟燭獻給內在視野和內在真理。願晚霞的深紫色，為所有進入這個房間的人，帶來深層的直覺和平靜。」

### 白色蠟燭

白色廣納所有顏色。白色蠟燭可以隨時用在任何房間。

點燃白色蠟燭時，可以誦念以下的禱詞：

> 「我將此白色蠟燭獻給靈性覺醒和靈性點化。願冬日白雪的純潔，伴隨神聖知曉，充滿所有踏入這裡的人。」

由於顏色是非常個人化的，一定要選擇你感覺適合自己的蠟燭顏色，而非照著固定的公式。我列出上述資訊，只是為了讓你自行開始（第12章有色彩的詳細資訊）。可能還有我沒提及的顏色，而你覺得適合用在特定房間。例如，我有時候在客廳用粉紅蠟燭，因為粉紅色讓我聯想到愛，會為這個常常使用的房間帶來溫暖的感覺。在我的冥想室，我常點燃藍綠色的蠟燭，因為藍綠色讓我連結我美洲原住民的血脈根源。除此之外，我個人發現藍綠色中，藍色和綠色的搭配令我非常舒服。

## 七日燭

執行任何空間淨化儀式後，點燃七日燭或十四日燭，可以簡單的維持住家的能量平衡。這類蠟燭可以在西洋宗教用品店買到。它們被裝在很高、隔熱的彩色玻璃容器裡，它們的設計是用來燃燒特定長達的天數。但一定要放在安全的地方，把任何火災的危險降到最低。儘管七日燭的設計在你不小心弄倒時會自行熄滅，但請讓小孩和寵物與七日燭保持適當距離。

我通常會一直點燃至少一枝七日燭，讓它持續在家燃燒，因為它會大大提升家中的生命力。它為所有走進住家的任何人，或走進使用這類蠟燭作為守夜燭的空間時，帶來溫暖和歡迎之情。許多人喜歡在住家聖壇上使用七日燭（參見第165頁，有教你打造住家聖壇的詳細資訊）。

## 油燈和提燈

儘管我喜歡使用蠟燭，而非油燈或燈籠，它們也有使用上的好處。油燈

有時會摻入有顏色的油，所以你能將火與顏色結合。我特別喜歡透明的薄玻璃和玻璃燭芯製作的油燈，平穩燃燒的燭火似乎溫柔的在容器上方漂浮。我見過有人在冥想室中很棒的使用這些油燈。這特殊的火光中，有著非常平靜和幾乎飄逸的能量。燈籠的壞處就是有強烈的氣味，但它們也能夠達到協助房間能量穩定的功能。

## 壁爐

壁爐是家中的天然靈性中心。從最早的時候開始，人類就會圍著火焰聚在一起。火是烹煮食物的地方。它創造了光圈、溫暖、群體感。我們都有內在古老的記憶，在黑夜圍坐在火旁。即便是在壁爐用火的微小象徵，都會觸動這段記憶的力量。火會為人類和產生火的地方，帶來溫暖、力量、和平。

當你在壁爐生火，可能會想在放進每根木柴時給予祝福。在一些美洲原住民的部落裡，生火準備淨汗屋典禮時，一根根放進火堆裡的木柴都會受到祝福。這被認為能提升火的靈性力量。

舉例來說，往壁爐放進第一根木柴時，你可以說：「我以木柴獻給住家和平。」不需要花太多時間祝福每一根要由火來啟動能量的木柴。

當你坐在火堆前，花時間靜靜注視著火焰。敞開自己接受未來的畫面，敞開自己接受來自大靈的訊息。靜默、傾聽、學習。讓火焰對你的心靈、身體、靈魂說話。

## 火元素的奉獻儀式

如果你剛好有座壁爐，你可能會想要用它來進行火元素的奉獻儀式。把你對住家的期望寫在紙上，丟進火裡燃燒。要知道，爐火正將你的祈願轉化進因果層面，使之得以顯化。也許你想要家中有更多溫暖和愛，寫下來：「我將此火獻給家中的愛、溫暖和友誼。」你也可以畫一張圖表達你的渴望，並放進火裡燒掉。你不需要畫得跟畫家一樣。拿著那張紙，同時注入正向的能量，放進爐火，看著紙燃燒，知道火焰轉變成熱能、灰燼和煙時，你的祈願也上升至看不見的地方，因此造物主能幫你將夢想帶入實相。留下

一小部分的灰燼，冷卻後，輕輕灑在家中各處。這樣能夠協助火的能量留存在家中。

　　有個女人來找我，她的前夫會對她施暴。郵差每天送來的信都是前夫寄的恐嚇信，好幾次前夫闖進她家，毆打她。她非常害怕自己和小孩的人身安全。儘管法院命令前夫要遠離她，但他對她的騷擾卻有增無減。她非常絕望，不知道該怎麼辦。她打電話給我，問我有沒有什麼方法，能夠讓她的家變成安全的地方，適合她和小孩居住。我除了建議她接受法律諮詢之外，我也到她家看看是否能在那裡創造更有保護力的能量。淨化完她家的能量後，我們最後利用火儀式，帶來驚人的成果。

　　我先在她家中央的房間裡，做了一個「保護的火圈」，方法是將十個裝在玻璃杯裡的小蠟燭放在地板上，形成直徑一百八十公分左右的大圓。我接著指示她坐在圓圈內，而我也跟她進入圓圈。我在圓圈中央，放了一個玻璃杯，裡面有一根未點燃的大型蠟燭。我們坐在圓圈裡，我請她專注想著她的期望。我指示她要專注於正面、而非負面的意圖上。例如，與其說「我再也不想看到前夫」，她應該想著：「我和小孩都很安全，而且生活平靜。」我請她「專注於她的意圖」，她想要在家中擁有什麼樣的成果。接著，我指示她允許感受浮現、累積，直到她被強化的目的充滿，這個時候，她就要點燃蠟燭，將意圖注入火焰中。她進行了這個過程，我們安靜注視著大型燭火幾分鐘，這是充滿力量與寂靜的時刻。接著我們熄滅了燭火，也熄滅了其餘十根蠟燭。

　　隔天個案打電話給我，語氣非常興奮。郵差來的時候並沒有送來暴力信件。隔天和接下來的日子，再也沒有暴力信件寄來了。而且，事實上，自從我們進行了火儀式以來的這三年半，她再也沒看過或聽過前任冤家的消息。這非常驚人，因為她沒有跟任何人講過她參與了這個儀式。儀式立即見效。

## 火元素的能量保存

　　要用火元素為住家注入能量，並且維持你使用火元素創造的神聖空間，以下有幾點建議：

- 將雕刻過的水晶掛在窗戶上，讓太陽的火元素能量帶入你的家。
- 將鏡子掛在關鍵的地方，讓陽光能夠反射進你的家。
- 呼喚火之靈進入你的家。

## 呼喚火之靈進入你的家

要將火之靈招進你家，請遵循這些步驟：

### (1) 榮耀來到你家的「火」

祝福將電力的火能量帶進家中的電線。要祝福電線，請將雙手放在主要的總開關箱上，如果沒辦法碰到總開關箱，引導你的意念到總開關箱，並說：

> 「火之靈，感謝祢。
> 　願流經祢的火焰，為這個家庭帶來種種祝福。」

如果你住在公寓，沒辦法摸到你家主要的電力來源，那麼可以對著家中獨立的電力連結位置，說出上述的祝福。

### (2) 召喚火元素的精微乙太能量

點燃裝在玻璃杯中的七日燭，獻給火之靈。這枝蠟燭之後就會成為持續開啟的入口，讓火之靈進入家中，帶來溫暖、生命和轉化的力量。

### (3) 呼請火之靈的魔法，充滿住家

在晴朗的一天裡，打開窗戶或門，把你的意圖朝向太陽。請求火之靈進入家中。請火之靈注入你家，帶來療癒、轉化、鞏固的能量。

# 5

## 第 5 章

# 聖潔的水元素

想像你自己正走進一片迷霧森林,周圍是高聳、莊嚴且常年翠綠的樹木。空氣新鮮而潮濕。腳下的泥土厚重,長著柔軟、濕潤的苔蘚。松針的濃烈氣味讓你的大腦清醒,你可以看得非常清晰。你沿著溪流行走,溪流越來越寬,注入一片水池。你上方的岩石形成懸崖,瀑布傾瀉而下,流入水池中。當你呼吸來自瀑布的水氣,感到興奮無比、精力充沛。你感覺自己無所不能!

　　要清理房屋、房間或任何私人空間的靈性能量，其中一項最強力的工具就是水。水具有天生的淨化特質。水一直被用在靈性儀式，而且從古代開始，一直與人類的奧祕有所連結。利用水，你可以清理和淨化房屋中的負面、沉滯能量，並注入清明與和平的感受。單單在家中使用水元素，就可以邀請美妙的靈性能量進入住家。

　　世界各地有許多傳說，相信水會給予生命、年輕、智慧、不朽。對古埃及人來說，水是生育眾神的泉源。印度人相信水是地球上萬物的開始與終結。對美索不達米亞人來說，水代表人類智慧深不可測的來源。許多文化發展了對水的崇拜，並相信水的聲音和流動代表生命靈性的靈魂。

　　基督教傳統中，水是洗禮儀式的核心。耶穌浸入水中接受施洗者約翰的洗禮，劃下他的靈性工作開端。耶穌從水中站起來，「重生」；從那時起，這個傳統一直被基督徒持續用來象徵他們靈性追尋的起點。

　　在原住民的文化中，療癒儀式常常會用到水。卻洛奇族會讓受傷的人躺在水中，讓溪水或河川的水流輕柔的沖刷身體。他們相信，水會撫慰傷者的靈魂，將肉體的傷痕洗去。

　　水在清理殘存負面情緒的房間時，非常好用；因為長久以來，水都跟情緒相關。在解夢的工作裡，水常常是情緒的隱喻。舉例來說，夢到凍結的水，通常代表一個人的感受卡住，或情緒卡住，卡住的是他無法適當表達的情緒。夢到停滯的水，幾乎都象徵一個人在生活中停滯的一段時間，或是毫無產值的一段時間；反之，夢到流動的水，通常伴隨著自由流動的情緒，代表釋放感受和生命中有意義的流動。

　　透過我的療癒工作，我開始意識到身體的水和住家的水有多麼重要。我注意到，當我的個案先喝些水，再開始療程，療癒的成果會更加深入。（我常常建議個案在療程開始前，至少先喝一杯水。）他們身體中的水就像導體一樣，引導輸送進身體的能量。

　　我也注意到，當工作坊學員的身體有充足的水分時，工作坊的成果通常都會更戲劇化。同樣的，似乎他們體內的水作為導體，引導療癒的能量，道理就像水作為導體，引導電能一樣。

　　此外，我發現當我有充足的水分，淨化房屋時就更能清晰感知能量，且

效果更好。不意外的是，我也發現當我用水在房間噴灑霧氣，不論是在療程中還是工作坊裡，情緒和身體的療癒成果都會增強。我的經驗讓我相信，家中的水可以作為導體，傳送能量。你在家中利用水，可以幫你將住家打造成靈性聖殿，大大協助你的住家變成光的發射站。

　　四項淨化能量的步驟裡都可以用到水元素。任何個人的事前準備裡，水都是重要的一環，因為水是大自然中最偉大的淨化器，非常適合用來進行淨化能量，特別是淨化情緒。水一直以來都在洗禮儀式用來召喚靈性能量，甚至可以追溯到更早遠的年代。而且水也是將能量保留在家中的絕佳方式之一。

# 連結水之靈的事前準備

　　水是強大的元素，可以納入任何能量清理的準備儀式中。開始淨化儀式前，可以用水淨化自己，再用水來淨化房屋，呼請水之靈，在家中使用「充電」過的水。這很重要，也很有意義，因為我們藉由流經血管的生命之水，不斷處於跟水之靈的交互關係中。身體絕大部分都是由水組成。你可以長時間不進食，但如果你不喝水，你的身體會承受不住。

　　你的心臟每一次跳動，都與宇宙的水之靈連結，使你連結整個地球的水。你飲用的水與體內流動的水，跟曾經在地球演變時，冰封在高山上白雪蓋頂的水相同。你體內的水，曾經從山上沿著溪流而下，進入海洋；你體內的水，曾經是地表上方高空的雲朵，以溫和的雨水降落，見過深海的海底；你體內流動的水，曾在你祖先的軀體退去，也會在你子孫的身體流動。

　　水之靈的力量是直覺、情緒、靈性；水是更新和重生；是悶熱午後，舒服涼爽的淋浴。水帶來療癒、洗淨、煥然一新。從溫和霧氣，到夏日大雨，再到狂風暴雨，水會洗淨它所包圍的一切。水之靈居住在寂靜的山中水池；水之靈居住在沙漠中的綠洲水窪，吸引野生動物來到這裡，喝下賦予牠們生命活力的水；水之靈也居住在壯觀大海裡，海豚跳躍而鯨魚潛游。

　　水之靈是童年和天真。祂呼請情緒的療癒與過往的療癒；祂帶來生命、滋養、療癒。呼請水之靈進入你的家，會協助你探索靈魂的深度。

**連結水之靈的步驟：**

1. 安靜的坐著，讓思緒沉澱下來。

2. 從感覺體內和周圍的水開始，想像你察覺到在體內流動的水。注意肌膚、嘴唇、雙眼裡的水分。感覺空氣中的水氣，接觸你的臉部，環繞你的雙手，包裹你的全身。

3. 喝下一杯水，想像你覺察到身體如何吸收水，水如何維持肉體，並補充身體的水分。

4. 擴大意識，直到你可以感覺到你飲用的水和體內的水都是流動在溪流與河川中的水。

5. 現在，更加擴展你的意識，感覺自己與所有的湖泊與廣袤海洋合而為一。

6. 持續這麼做，直到你想像你成了「水之靈」。想像你現在是夜半時分的小露珠，一解葉片之渴；你是湛藍海洋中翻滾跳舞的海豚。

7. 你越是連結並「呼喚」水之靈進入你，水之靈越能注入你的家。

8. 獻上感恩給進入你家的水之靈。

# 幫水元素「充電」

任何用來淨化房屋的水，都應該在儀式的事前準備先「充電」（charged）。幫水充電，就像幫汽車電瓶充電。你注入能量到水中。來自溫泉或大海的水不需要充電，因為它已經由太陽、大地和空氣充滿能量了。不過，多數我們用來做能量淨化的水，要不是裝在雜貨店的塑膠容器中，就是自來水，而且添加了氯和氟，經由過濾，已經失去了生命能量和靈性。

## 太陽能量水

將你準備用來做儀式的水裝在碗中。陶瓷碗或玻璃碗，會比金屬碗要好，除非你內心有特別目的要讓金屬能量注入水中，例如使用銅碗，將銅的能量注入水中。把裝了水的碗放在陽光下，讓它可以吸收太陽的療癒特質。

通常大約三小時，就足夠讓水充滿太陽能量。太陽水有外發、生氣勃勃的陽性能量，非常適合用在黑暗的房間，或是殘存黑暗或沉重能量的房間，也適合用在有人生病的房間。

## 月亮能量水

將裝了水的碗，放在戶外月光能照到的地方，你就可以製作月光水。月光水具有美妙的陰性療癒面向，可以為空間帶來柔軟的能量。這對於感覺到緊繃情緒（例如憤怒或悲傷）的房間，特別好用。月光水非常適合用在臥室，因為它有助好眠，也有益於作夢的氛圍。

## 彩虹能量水

如果天氣是陰天的話，我們很難有三小時的時間能曬到日光或月光。有時候冬季的氣溫會凍結任何放在戶外的水。以下的技巧能讓你在陰天或冬天時「幫水充電」。我跟我的夏威夷卡胡那老師學到這個彩虹能量水的方法。對夏威夷人來說，彩虹被認為是神靈的禮物，而水是神聖之水。它會用在祝福和療癒的儀式。你可以用這古代夏威夷薩滿的技巧，淨化，並為水補充能量。

舉起你的手，手掌朝下，放在你要用來進行儀式的盛水容器上方。不要碰到水，慢慢用手在水的上方以順時針方向畫圓。過程中，同時想像你的手有彩虹流瀉而下，將平靜和喜悅注入水中。

在淨化任何空間前，我的老師會先喝一小杯彩虹水，再開始空間淨化。接著用剩餘的彩虹水清理空間。她提到，飲用那杯水，就像被淨化空間時同樣的彩虹光能充滿，而這讓她成為更好的儀式工具。

## 水晶能量水

另一項幫水補充能量的方法，就是在盛著水的乾淨玻璃容器裡，放入乾淨、清澈的水晶，靜置二十四小時。（淨化水晶的資訊詳見第7章。）如果你能夠將容器放在窗邊，讓光穿透水晶，這項方法會特別有效，因為光能夠

啟動水晶能量。這種能量水非常適合用在住家的療癒空間。水晶能量水，也適合用來澆灌和噴灑室內植物。

## 水元素的淨化儀式

當你搬進新家，可以進行水元素淨化，能夠與「泉水淨化儀式」搭配，或者任何你覺得住家能量「失衡」的時機。你能分辨家中能量何時失衡，因為每件事物都有點「脫軌」了。舉例來說，假設吐司機壞掉、燈泡燒掉、家人暴躁不安且疲憊不堪、沒有人真的聽進任何人的心聲，這就是進行水元素淨化的大好時機。

### 泉水淨化方式

在一些特定的原住民傳統中，薩滿會拿樹枝或植物的枝條，浸泡到能量水中，用枝條繞著房間灑淨，這是淨化儀式的一環。要以這樣的方式用水來淨化空間，就從祝福一小碗的泉水或「充電」過的水開始。祝福儀式用水時，拿著一碗水，走到你要淨化的房間中央，雙手置於碗上方。請求祝福這碗水，祝福你要淨化的空間。你可以說：

> 「願此水注滿大靈，願此空間經由水元素的力量，得以潔淨。水帶來更新與療癒，願這個空間得以煥然一新、獲得療癒。如所祈願。」

拿起這碗水，走向空間最東邊的角落，用藥草或植物的枝條，或是小樹枝，浸入這碗水幾秒鐘。接著，灑淨每一個角落，以及旁邊的區域，說著（大聲說出來或默念皆可）：

> 「水啊、水啊……將這個房間清洗潔淨，臻至明亮！
> 水啊、水啊……以愛與光明，淨化這個空間！」

　　繼續以順時針方向繞行房間。繞行房間時，繼續灑淨。如果你走在房間中，感覺某處的能量極度停滯或是黏膩厚重，就將枝條浸入水中，朝空中灑淨七次。如果能量依然沒有變乾淨，就再灑淨七次。許多原住民文化都會在儀式中，執行七次的灑淨，有些使用枝條，有些則是使用他們的指尖。

　　當你將樹枝或枝條浸入水中，樹枝的能量會與水的能量結合，因此你的能量淨化儀式就有了兩種力量。以下提供一些建議，讓你能夠選擇不同種類的枝條。

### 松木

　　當你要清理非常沉重的能量，就使用松枝。就像松油因為消毒的特性而被加進居家清潔劑裡，松木的淨化效果非常好。在患者生病後的房間裡，用松枝來灑淨是絕佳的技巧。當能量感覺起來死氣沉沉，或是彷彿你試著走過黏膩的糖漿，這時也很適合使用松枝。要有額外更好的效果，就加入一滴松木精油到能量水中。

### 雪松

　　我自己所屬的部落卻洛奇族，有人教導我，用雪松來灑淨是神聖的淨化行為，因為「水和雪松對人類來說都是神聖的材料」。雪松有著跟松木相同的一些特質，但雪松更為柔軟，本質上更有靈性能量。想要進行靈性能量的淨化時，就使用雪松。

### 檸檬馬鞭草

　　新鮮的檸檬馬鞭草枝條非常適合用來轉化沉滯能量，或用在發生過爭吵後的空間（如果你沒辦法取得新鮮的檸檬馬鞭草，你可以拿乾燥的檸檬馬鞭草浸泡在水中）。當一個空間讓你沒辦法正確思考，或能量似乎停止流動，檸檬馬鞭草很適合用在這種房間。檸檬馬鞭草能振奮和激發能量。

### 生長中的綠色枝條

　　對於一般的淨化，任何生長中的綠色枝條都可以使用（請記得要感謝植

物的「給予」）。如果你要做泉水淨化，那麼任何發芽的新生枝條或樹枝都適合。含有小葉片的樹枝和硬樹枝，似乎在灑淨房間時有最大的效果。

### 花朵

如果你想要輕柔的點亮空間的能量，或是你想要淨化冥想室裡的空間，那麼花朵就非常適合灑淨空間。花朵會帶來溫柔又明亮的空間能量。每朵花都有自己的能量。舉例來說，你可以用玫瑰象徵愛情，雛菊象徵喜悅。

## 水元素淨化碗

你可以將這個方法搭配其他正在使用的淨化方法。這個方法可以用在每種房間淨化中。進行空間淨化儀式前，拿著「充電」過的一碗水，放到要淨化的空間中央。在心中想著這個意圖，這碗水會吸收儀式過程中釋放的沉滯能量。如果房間中有非常厚重的能量要淨化，就把海鹽加到「充電」過的水裡。儀式完成後，謹慎將水倒入排水孔，之後用乾淨的冷水沖三十秒。有時候經過非常強效的淨化，水會真的看起來很混濁。徹底用冷水將容器清洗乾淨，讓它風乾，可以的話，就在太陽下曬乾。

## 空間噴灑淨化

情緒能量會在發生過事件的空間中長存，這些事件導致情緒能量傳開。爭吵過後，房間中的空氣可能會變得厚重，幾乎充滿緊張的氣氛。事實上，的確就是這樣。空氣中存留著「電荷」，是來自任何負面情緒的能量殘留。中和這能量殘留的最快方式，就是噴灑空間。用水噴灑住家來創造神聖空間，是最簡單、也最有效的技巧，可以轉化住家能量，清除情緒殘留。

噴灑不只能快速中和空間裡的情緒電荷，還會創造充滿負離子的特殊環境（關於負離子的資訊也收錄在第6章）。充滿負離子的環境等同於瀑布旁、海邊，或者松木林裡的環境。處於負離子環境時，你會覺得靈性提升、清醒、活力充沛。在正離子的環境裡，則會變得懶散、嗜睡。

常綠林的空氣中瀰漫著負離子電荷，因為負離子聚集在松針的尖端。瀑布的水霧或岸邊拍打的海浪，也會製造負離子。當你處在松木林或海岸邊，

感覺如此舒服的原因之一，是因為負離子環繞著你。噴灑也是為你家帶來富含負離子能量氛圍的方式。噴灑時，請用噴霧瓶：噴出來的水霧越細緻，效果越好；不過任何噴霧瓶都適合。噴霧瓶裡裝泉水的話最好。然而，如果你只能取得自來水，那麼你就用前面建議的方式，為自來水「充電」吧。在房間噴灑之後，你應該能立即感覺到房間有所不同。

　　關鍵就是輕輕噴灑房間四處，不要浸濕任何物品，只需要輕輕噴灑輕盈的濕潤水氣到空中各處就好。室內盆栽也會因為你常常使用細緻的噴霧而受益。

　　如果你的房間常常要進行療程，每次個案結束後都使用噴霧淨化房間。這會徹底淨化空間，房間才不會殘留情緒能量到下一位個案。以前我還沒在個案之間使用噴霧淨化房間，常常第二位個案都遇到跟上一位個案一樣的某些議題。我認為這是因為第二位個案進入上一位個案留下的能量殘留，且無意識的接收空間中殘留的能量。療癒師在做不同個案之間，也一定要清洗雙手（即便你沒有碰觸他們），對自己用噴霧淨化，好讓空間被淨化，而你在個案與個案之間維持能量的純淨。

# 召喚水元素的能量

## 居家的花精方法

　　這項方法許多人覺得很有效，可以正面影響房子裡的精微能量，可以召喚生命能量進入家中，就是在噴霧裡加入花精。1930年代早期，著名的英國醫師愛德華‧巴哈（Edward Bach）注意到，許多疾病似乎直接跟病人的情緒狀態有關。他發現傳統藥物沒辦法解決這些疾病的潛藏原因，因此他踏上追尋之路，開始療癒病人，而非治癒疾病。幾年下來，他配製了三十八種以花為本的配方，療癒許多疾病的潛藏原因。他的花精是由花與植物的萃取物稀釋製成，據說含有植物的療癒能量。（編按：巴哈花精的製作方式，是擷取特定的花朵或植物，置於純淨山泉水中，經日曬或煎煮，過濾後取得的精華液，再加入1：1的白蘭地防腐，即製成母酊劑。母酊劑經稀釋過成為市售

的花精。）我發現將巴哈花精（或北美花精、澳洲灌木花精）加進噴霧裡，偶爾噴灑空間（或整間房子），會對你家的精微能量產生有益的影響。儘管因為頁數限制，沒辦法列出每樣花精的效果，我建議手頭上要備有「急救花精」，在發生焦慮不安、爭吵、爭論後，用來調整空間中的乙太能量。

以下是幾種可以使用的花精和它們的效果：

櫻桃李：平靜、寧靜的勇氣

野玫瑰：生命力、對所有事物抱有興趣

水堇：溫柔、平靜、鎮定、優雅

矢車菊：沉靜、智慧

葡萄：智慧、領導力、提供他人協助

聖星百合：消除緊張、清除緊張的能量殘留

荊豆：擁有克服困難的信心

急救花精：平衡爭吵或疾病的能量

　　我建議你依照自己的直覺，來決定哪種花精最適合空間。可以將所有花精的標籤轉到後面，才不會看到瓶子裡是什麼花精，接著輕輕將手指滑過瓶子上方。通常會有一種或多種花精似乎「拉住」你的手指。在乾淨的泉水或蒸餾水中，滴入幾滴花精，混合後，接著噴灑房間。

## 居家的順勢療法

　　兩百多年來，尋求非正規醫療的人，都走向順勢療法（homeopathy）。順勢療法的原理，就是利用引發疾病物質的超微劑量，療癒罹患該種疾病的病患。順勢療法的核心法則就是：藥效的定律在於藥劑稀釋後，藥力會增益。順勢療法是基於一項跟古希臘名醫希波拉克（Hippocrates）時期一樣古老的假說：「以同治同。」有些藥則稀釋得太淡，幾乎很難看出有任何原本物質的痕跡。山姆‧赫尼曼（Samuel Hahmemann）在十九世紀早期發展出

現代的順勢療法原理。如今順勢療法的擁護者包括許多知名人士，例如英國女王伊莉莎白二世和德蕾莎修女。無數的雙盲測試和動物研究，都證實了順勢療法的可信度。

要在家中使用順勢療法的話，加幾滴順勢療法的藥劑（用順勢療法的酒精酊劑，而非藥粉）到盆栽噴霧瓶中，噴灑家中四處。對於使用順勢療法藥劑的任何人來說，山金車是必需品，用在任何發生過不安、突如的驚嚇、沮喪的房間。就像花精一樣，你可以有意識的決定哪種藥劑適合空間，或是你可以將手指移過瓶子上方，看看哪種最適合空間。不用擔心一定要使用絕對「正確的藥劑」——因為不論你使用了什麼，你都沒辦法用順勢療法或花精傷害到空間的能量。順勢療法和花精都會精密調整空間中的能量，也非常適合用在冥想室。

## 居家的芳香療法

要召喚對正面情緒有益的能量進入家中，你可以試試結合芳療和噴霧。只加幾滴精油到噴霧瓶的水中，不要加太多，否則你的噴霧瓶會堵住（芳療的效果和重要性在第6章會談到）。

我會在房子的不同區域噴灑噴霧。我在廚房放了裝著泉水和檸檬草精油的噴霧瓶。洗完碗盤，拖完地板後，最後我會用重新帶來活力的檸檬草水噴灑廚房，讓整間廚房都因此鮮亮了。

我也會在客廳放一瓶加了薰衣草精油的噴霧。一天之內，隨意拿起來噴灑客廳好幾次。傍晚當我們在客廳休息時，它的能量在一天中依然煥然一新。

我會在臥室放一瓶加了天竺葵精油的噴霧，鋪好床之後，我會噴灑整個房間。如果我在一天下來才踏進臥室，我也會再噴灑一次。把噴霧瓶留在房間外的效果很好，因為可以在經過時快速噴灑房間。水和精油的效用會長存一段時間，所以你不用常常需要添滿容器，除非已經空了。

任何你覺得需要讓自己恢復靈性時，你也可以噴灑自己。在包包裡放一小罐噴霧瓶，裝進能量水和一滴你最愛的芳療精油，在你外出時使用。噴霧對皮膚也很好，可以讓你在一天當中快速提升能量，因為它會讓你的能量場

恢復活力，並且清理氣場。

# 保存水元素的能量

## 加濕器

　　使用加濕器是補充新鮮濕氣到家中的簡單方法，也是在家中保存水元素的簡單方法。許多寒冷的國家中，很多家庭在冬季時比撒哈拉沙漠還乾燥，這是因為室內暖氣的效應。冷水加濕器可以對抗這種乾燥產生的有害影響。我喜歡超音波加濕器，因為它們比其他種類的加濕器都還安靜。它不只能製造有益的負離子，讓肌膚柔和，幫助你睡得安穩，也能協助你作夢。許多人都回饋說，從他們開始在臥房使用加濕器後，夢境中的色彩和結構更為豐富、有寓意。我相信水不只是情緒的載體，也是刺激心靈能力的載體。此外，當房間放了加濕器，許多人注意到自己的靈通力或畫面清晰的夢境和以前不同，這是因為加濕器製造了負離子。

　　如果你住在長年潮濕的氣候區（例如香港），發現自己常常情緒起伏很大，要能讓情緒平衡，你可能要放一台除濕機在房間裡。在家中準備一個房間，讓你可以進去「乾燥身心」，釋放過多的情緒。

## 居家瀑布

　　打造居家瀑布，不只能增加空氣中的濕度，創造負離子的氛圍，小瀑布還可以在空間中為你提供療癒的背景音效。任何有瀑布的房間，都會立即感到活力充沛、生機盎然。許多苗圃和禮品店，都有販售居家瀑布。尺寸大小從在水晶卵石上流淌的細流，到大型華麗的希臘式雕像流出水柱進入下方的池塘。然而，如果你想要打造自己的住家瀑布，方法可以很簡單。找一個又大又深的盆子，拿一個小型的電子沉水泵浦（許多園藝店都有賣，價格很便宜）。將小型泵浦放在盆子中央，放幾塊從河邊撿來的石頭放在泵浦上，蓋住泵浦，並高於水面。將水管從石頭上方接到泵浦，打開，就完成了！這就是快速的居家瀑布。

你可以打造戶外瀑布或池塘，邀請水之靈進入你的花園。雖然這項工程聽起來很令人怯步，卻真的沒有很困難。在園藝店購買已經事先做好的池塘，放到你在土壤裡挖好的洞。放入石頭和沉水泵浦，製造瀑布效果。另一項打造瀑布的方法就是使用防水布（通常比預先做好的池塘還要便宜），在土壤中挖一個洞，鋪好防水布，注入水，放進沉水泵浦。泵浦是電動的，所以你一定要使用合格的電器，將包有電線的PVC水管埋在戶外並接上電源，或是放好管線以免人們絆倒。許多園藝店都可以給你清楚的指示，教你如何打造自己的瀑布。花園瀑布會吸引鳥類、精靈、元素、水仙子和靈性能量，進駐你的花園。

## 池塘

即便沒有瀑布，簡單的一池水塘也會成為吸睛的景象，會將鎮靜、舒緩的能量注入整座花園。池塘不需要很大一座（我有一座只有四十五公分寬的池塘），同樣，設置池塘的方法很簡單。挖一個小洞，將防水布或預先做好的池塘放進去。擺放從河邊撿來的石頭，圍一圈。放幾株漂浮在水上的植物，每次澆灌花園時更換池水，這樣你就有一座特殊又神聖的花園池塘了。另外的替代方法，是拿大型的防水水桶或罐子裝水，種植水草。這種行動池塘可以放在室內或室外，將水之靈帶進你的花園或家中。

另一種形式的池塘就是鳥盆，放在花園裡或家中，注滿水或放上漂流的花朵。

## 盛水的碗

將盛著水的碗放在你家各處，可以提升療癒能量。一個美麗的淺碗，盛著水，漂著一朵花，可以將歸於中心和平衡的能量集中。或者，你可以放水晶滾石到盛著水的碗裡。水能增加水晶的傳動力。在盛著水的優美碗裡，加入色彩繽紛的石頭，將它們放到窗邊，可以接通戶外的陽光進入你家。你也可以放幾瓶顏色水（食用色素和水彩很有用）在窗台上，這會將色彩的振動能量帶入家中（色彩運用的資訊請見第12章）。記得要時常更換瓶子中的水，確保水的乾淨。

## 水族箱

養魚的水族箱，可以為住家增添和諧與美麗，同時又提升空氣中的負離子含量。如果你不喜歡養魚，可以考慮在水族箱裡種植水草並擺放石頭，作為水下的禪意花園。水草也會釋放新鮮的氧氣到空氣中。如上述所說，重要的是要保持容器中的水新鮮、乾淨，這是為了將水的療癒效果擴到最大。針對水族箱在醫生的候診室對病患的影響，研究指出，水族箱帶來普遍的平靜和鎮定效果。任何活著的生物都會為家中增添能量，魚類帶來寧靜安定，在你踏入家門時，那些在外面承受的壓力，似乎都變得不太重要了。

## 召喚水之靈進入你的家

要吸引水之靈到你家的話，你可以考慮採取接下來額外的步驟：

### (1)淨化進入你家的水

運用水的淨化方法來淨化你家的自然水。我個人喜歡使用逆滲透的方式過濾我家的水。但市面上還是有其他很好的方法。

### (2)召喚更多水元素的精微乙太能量

祝福水注入你家的水管，讓水以「祝福的方式」進入你家。要祝福水管的話就將雙手放在上面，並說：

「感謝你。願流經你的水為這家庭帶來祝福。」

如果你是住在公寓裡，沒辦法碰到水管管線，那麼就祝福你家的水龍頭。

### (3)呼請水之靈的魔法，充滿住家

打開窗戶或家門，請求水之靈進駐你家。即便外頭並非雨天，空氣中總還是會有些濕氣存在。

# 6

## 第6章

# 鍊金的風元素

我坐著,全然寂靜。清晨的空氣清新、乾淨,周遭松樹的濃郁味道撲鼻而來。第一道曙光從遠處的喀斯開山脈升起,普照大地。當我的呼吸變得寂靜,心也靜下來,我感受到大靈的降臨。同一時間,頭上的風鈴開始輕輕晃動,發出水晶般純淨的聲響。

每當我坐在這座山中小木屋外的花園長椅上冥想,早晨的空氣總是全然寂靜。總是如此,就在這一刻,我感覺到大靈降臨,風鈴開始微微閃著光,發出美妙的聲響。寂靜中,我知道我並非孑然一人。偉大的大靈從上空飛向我,用風之靈的羽翼觸碰我。

空氣中圍繞著我們的生命力，似乎難以捉摸、肉眼看不見，這生命力是由最精細的能量場構成。風之靈，以最純淨的乙太能量迴旋、舞蹈，充滿著空氣仙子的薄紗羽翼和天使的甜美氣息。在這一章裡，你會學到如何「召喚」風之靈進入你的生命，以及淨化家中空氣的實用技巧，帶給你容光煥發的健康狀態和洋溢著幸福的喜悅心情。

## 連結風之靈的事前準備

我們藉由呼吸，不斷與空氣維持交流。準備用風元素進行空間淨化時，重要的是，要先透過有意識的呼吸，與風之靈做基本的連結。透過這項技巧，我們可以與整個地球全體的風之靈連結。風是普遍的自然元素，是我們與地球上其他動物和植物共享的。你剛剛吸進的空氣，曾被你最古老的祖先吸進體內，也會被你的後代子孫吸進體內。如果沒有大氣層包覆著這座美麗的星球，我們所熟知的生命就不可能存活了。我們離開母親的子宮，呱呱墜地，發出尖銳且驚嚇的喘息，將第一口氣息帶進肺部；接著我們繼續呼吸，直到準備好離開身體，才吐盡最後一口氣。

風之靈的力量是改變與轉化，是生命、靈感和啟發。它就像是悶熱午後吹過來的一陣涼爽微風。水帶來療癒、淨化、煥發，而風則帶來轉化。從耳邊呢喃的微風，到輕微的旋風，再到狂暴的颶風，風改變了一切包圍的事物。狂風讓廣闊草地掀起一陣陣如海浪的波濤，微風讓閃爍的山楊枝葉在風中嬉舞，而突如其來的一陣強風，則可以把嬌小的豆莢吹到空中，風就是這樣帶來新的觀點和改變。

風是老鷹與貓頭鷹的領域。風是自由、觀點、溝通。你藉由風元素，可以從更高的觀點去看待每件情況。呼請風之靈到你的住所，可以幫助你找到自己的雙翼，進而翱翔。

連結風之靈的步驟：

1. 安靜的坐著，讓思緒沉澱下來。
2. 從感覺周遭的空氣開始。感覺空氣碰觸到臉部的哪個部位，感覺空氣

環繞雙手，包圍全身。如果你在戶外，或在打開的窗戶邊，感覺空氣的流動撫過肌膚，深入毛髮。這樣的觸感是否太輕微，讓你察覺不到？又或者感覺很強烈、很冷、令人振奮？

3. 注意吸氣時，進入肺部的空氣。吸入周圍的空氣時，保持覺察。

4. 擴展你的意識，想像自己吸入廣袤無垠的天空。每次呼吸，都擴展你的意識，直到你想像自己正在吐納蒼穹，吐納頭頂的藍天、雲朵的柔軟、刺骨的風。

5. 繼續呼吸，直到你感覺自己成為了「空氣」。你甚至可以想像自己是隻老鷹，在山谷上方盤旋、翱翔。

6. 這個宇宙呼吸法，讓你連結風之靈，並「召喚」祂進入你家。

7. 感謝風之靈進入你家。

# 風元素的淨化能量

## 上升的煙霧，是我們與大靈連結的通道

煙霧將我們與風之靈連結；自古以來，世界上許多文化都在宗教淨化儀式中使用煙霧。繚繞上升的煙霧，形成我們與大靈連結的管道。我們的祈禱隨著煙霧上達天聽，而我們所祈求的答案也隨著同樣的路徑降下。

佛寺外通常都有插著線香的香爐。信徒們會在此停留片刻，吸入煙霧，雙手捧起，將煙霧撥向身體，在踏入佛寺前先淨化身心。

## 煙燻可以轉換能量

美洲原住民使用煙來淨化空間的傳統方式，就是進行煙燻。煙燻是燃燒藥草的儀式，利用燃燒時產生的煙霧，轉換一個人或他人的能量，或是淨化特定空間的能量。許多藥草都可以用在煙燻淨化儀式。最常用的藥草就是鼠尾草、甜茅草或是雪松，但你也可以使用當地容易取得的藥草。

鼠尾草是許多美洲原住民儀式的一部分，因為它具有淨化的力量。在祈求療癒的「日舞典禮」中，舞者會在頭上戴著鼠尾草圈，口中嚼著葉片來減

緩口渴。鼠尾草跟純淨有關，跟靈魂和天空的事物有關。

　　甜茅草也幾乎是北美原住民普遍會使用的另一種藥草。它清新的氣味，宛如剛收割的草堆，據說能驅走負面想法和邪靈。淨汗屋、療癒典禮，以及許多淨化與奉獻典禮中，都會使用甜茅草。

　　我來自卻洛奇族，我們傳統上常常在典禮時燃燒雪松。用雪松驅除負面能量也特別有效。煙燻時用的是常綠雪松的針葉部位，而不用樹皮。使用散裝的藥草時，像是常綠針葉、菸草等，要改變煙燻的方法，與可以綁成一捆的藥草有所不同（詳見第79頁）。

## 如何取得煙燻用的藥草

　　可以在許多自然食品專賣店和一些靈性書店買到煙燻杖。可以買到用有機藥草做成的煙燻杖最好。你也可以自己種植、收集，並曬乾或風乾藥草，這樣有許多好處。其中一點是，你可以使用當地藥草，連結自己的土地。此外，你與自己收集或種植的植物所建立的關係，會變得更加個人，能量因此更緊密，所以使用這些藥草來進行淨化儀式時，就會特別有力量。

　　製作自己煙燻用的藥草捆時，從種植、收割到乾燥等過程的每個步驟，一定都要榮耀植物。感謝植物靈的賜予。在美洲原住民的傳統中，你給得越多，你便越豐盛，而你也越能獲得愛與照顧。進行煙燻時，一定要了解並尊重植物正與你分享它自身的一部分。

　　收成藥草時，不要取走整株植物。每次都要留下足夠的葉子，讓植物可以繼續存活，直到完成它的生命篇章。將藥草的莖、葉緊緊用繩子捆綁，倒掛在涼爽乾燥的地方，直到藥草完全乾燥。接著，就可以準備用來煙燻了。

## 煙燻的方法

### 點燃藥草

　　要製造煙燻的煙霧，首先要點燃藥草捆。當藥草點燃後，吹熄火焰，藥草捆會繼續冒煙。用另一隻手拿著防火碗，放到煙燻藥草下方，接住任何火花。

### 煙燻的注意事項

即便藥草已經完全熄滅，仍會持續燜燒一段時間，因此一定不能沒人在場，以免你家有起火的風險。煙燻儀式完成後，在碗中拍熄藥草，直到煙霧完全熄掉。接著將裝著藥草的碗放進廚房水槽，引免藥草沒有完全熄滅。

如果你使用的是散裝藥草，像是常綠針葉或菸草，你可以將藥草放在防火碗中，而碗要放置在防火磚上。接著，點燃這些藥草（乾燥的藥草通常容易點燃）。點燃後，你可以輕輕吹熄火焰，讓藥草在碗中燜燒。不過，碗可能會非常燙，假如你試著拿碗，有可能會燙傷自己。因此，一定要將碗放在防熱的平台，用雙手將煙撥向自己。

### 煙燻自己的方法

進行煙燻儀式來淨化住家前，先用煙燻清除想法，淨化氣場中的乙太能量，帶來平衡與扎根。進行時，首先點燃藥草，將煙燻藥草獻給四方，接著獻給腳下的大地母親，以及頭上的天空父親，並獻給偉大的大靈。將雙手捧成杯狀，將煙霧撥向自己。從雙眼開始，用手捧注一些煙霧，撥向闔上的雙眼。這麼做的同時，說道：「我的雙眼因此明晰。」接著同樣撥向頭部，並說：「我的思想因此純淨。」將煙撥向剩下的臉部、身體、四肢。這麼做的同時，將煙霧獻給你身體每個部位，說出你想要得到的象徵效果。最後，將煙霧撥向胸口，並說：「我的心靈因此純潔並敞開。」這個過程會讓你處於專注、充滿能量的狀態，讓你準備好引導能量進入你想淨化的空間。

### 煙燻他人的方法

有些時候你會想要煙燻協助你進行儀式的人，或你可能想要在家人踏進剛淨化過的房子之前，先幫他們煙燻。進行時，使用羽毛會很有幫助。先將煙獻給天地四方和大靈。（用非慣用手）拿著煙燻藥草，在他們的手臂、雙手聚集煙霧，用煙霧壟罩他們的臉龐。讓你要煙燻的對方閉上雙眼。離幾十公分遠，用你的慣用手輕輕、短促的揮舞羽毛，引導煙霧搧向對方。當他們正在被煙霧淨化時，你正在將風之靈帶入他們的氣場。從頭到腳，用煙霧淨

化正面全身。接著重複流程，從頭到腳，淨化背面。

引導煙霧淨化他們身體的所有部位後，將煙燻藥草放在安全的地方（例如，廚房水槽），用羽毛從頭到腳大幅掃過。短促的輕撥羽毛，會將煙霧帶入他們的能量場；長時間的清掃動作，則會將任何乙太體中的雜質往下掃入大地，由大地平衡能量。如果身體上有些地方感覺黏膩，或是羽毛似乎卡住，你可以多花點時間在那個地方。

煙燻是充滿直覺的技藝。讓你的內在指引告訴你要做什麼以及該如何進行。完成儀式後，你可以拿羽毛輕敲地面，或甩一甩，釋放上頭的能量。

### 使用羽毛進行煙燻儀式

羽毛是與靈界的強力連結，深深將我們與風之靈連結在一起。羽毛幾乎是由空氣組成。羽毛桿是空心的通道，遍及整根羽毛。當美洲原住民首長或薩滿戴上羽毛頭飾，能量透過羽毛桿的空心通道，從頭部上達偉大的大靈。羽毛曾是連結大靈的方式。許多不同的羽毛對美洲印第安人來說都很神聖。原住民傳統中，穿戴或持有動物的一部分，會連結到整隻動物的能量和其圖騰靈性。鳥類離大靈最近，因此鳥類能將我們與更高力量相連。煙燻過程中，使用單一羽毛或完整的羽翼都可行。

假如你要用羽毛淨化房間，請先榮耀你的羽毛和鳥的靈魂，也就是羽毛的來源。將羽毛放在榮耀之處，偶爾「餵食」羽毛一搓玉米飼料。你可以把玉米飼料放到羽毛上，接著甩掉。

在美國，未經政府許可，就從野生鳥類身上攫取任何部位都是違法的行為，包括棄置的鳥槽、蛋殼在內。有特別的規定限制，除了美洲原住民之外，任何人都不得持有貓頭鷹、隼、鷹的羽毛。你可能需要確定你當定的法規。在美國是透過魚類與野生動物管理局（US Fish and Wildlife Service）申請許可。

每種羽毛都有它特殊的能量，挑選你要用來煙燻的羽毛類別前，你可能要思考你的目標為何。老鷹的羽毛的能量非常陽性、非常強烈，與陽性能量有關。你可能會用這能量來強化生產力或鞏固空間的安全。反之，貓頭鷹的羽毛跟陰性能量和陰性法則有關。公雞和渡鴉的羽毛連結內在生命和奧祕之

道。鴿子的羽毛代表適應和生存。海鷗的羽毛協助我們與壯麗的大海連結。所有羽毛都是人與靈性世界的傳訊者，它們直接連結另外一個領域。

### 煙燻房間的方法

先將煙霧獻給天地四方和大靈，煙燻自己和所有助手。煙燻雙手和你可能會用到的任何工具（鈴、鼓等）。以非慣用手拿著裝有煙燻藥草的防火深釜，用慣用手拿羽毛。從最東邊的角落開始順時針進行，沿著房間的邊界搧過煙霧，藉著手腕輕彈羽毛。讓你的動作乾淨、俐落。如果你感覺到空間中有任何黏膩或能量停滯的地方，用羽毛不斷搧向那個區域，擊碎負面能量。

繞著房間煙燻完後，站到中央，請求大靈淨化並清理空間。以下是煙燻時的祈禱文：

> 「偉大的大靈，願我的祈禱隨著煙霧上達天聽，願祢將祝福與和平注入此空間，以及所有居住者。我知道祢的祝福會透過此煙霧降臨我們，對於接收到的祝福，我們萬分感謝。」

# 薰香

喚醒房間活力的簡單方式就是在淨化時點一枝薰香。香氣會瀰漫空間，不僅帶來愉悅的香氣，還能幫忙淨化空間。你使用的香味非常重要。能量會因情況而異，所以你對於不同氣味的需求也會因此改變。可以的話，手邊至少要有幾種不同類型的薰香，可以因應不同需求。當你點燃薰香，花幾秒鐘獻上奉獻的祈禱。我相信所有的祈禱皆得聽聞。

# 呼吸整個空間

隨時隨地都能使用的有效工具就是你的呼吸。你可以「呼吸整個空間」，透過呼吸清理並淨化房間。你的呼吸非常神聖，而且是你現有最珍貴的工具，可以淨化你的生活空間。要「呼吸整個空間」的話，先站在空間中央，開始擴展你身體以外的個人邊界。每一次呼吸都讓意識擴展，直到你感

覺自己充滿整個房間。接著開始繞行房間，用雙手感覺能量阻塞之處，在任何你感覺到有能量需要驅散的地方「吹氣」。繞行時，房間中可能會有一些地方，讓你覺得呼吸起來不像在其他地方一樣輕鬆。停在哪裡，吹氣，直到你可以在那個位置輕鬆呼吸，再繼續繞行房間。想像你正在「成為」房間，感受房間的能量，直到你在整個房間都可以輕鬆呼吸。這可能聽起來不像一般淨化房間的方法，但一旦你試過，這方法絕對會讓你振奮。

# 召喚風元素的能量

## 芳香療法

有誰不曾因特殊氣味而立即神遊到另外的時空？烘焙麵包的香味、爐子上剛煮好的咖啡香，夏季雨後的氣味，都喚起大部分人的共鳴。我們的身體對於不同的氣味都有不同的情緒和強大的反應。家中的氣味會大幅增加或降低你對家中的感受。香氛可以召喚植物與花朵純淨的精微能量場進入你家。

芳香療法，本質上是「使用香氛的療法」，可以回溯到兩千多年前，希波拉克論及浴場和油品中放入芳香植物的效益。古往今來，香氛常用來療癒。《聖經》中也曾提及使用芳香油品來療癒。中世紀時，香氛在瘟疫時期是用來淨化空氣。

1920 年代，法國化學家蓋特佛塞（René Maurice Gattefosse）在進行實驗室的實驗時，嚴重燙傷了自己的手。他立刻將手放進一罐離他最近的薰衣草精油中。他很驚訝的發現疼痛立刻舒緩，接著他注意到精油似乎加快了療癒的速度。（現代的急救措施一定要將燒燙傷患部浸在冷水中，而不是抹精油。）於是，蓋特佛塞開始研究精油的效果。之所以稱作「精油」，是因為它們包含了植物特性和氣味的精華。蓋特佛塞後來成為現代芳香療法的創始人。他的研究開啟了一扇大門，嘉惠這個目前蓬勃發展的領域。

近期，威斯康辛大學的亞・旻金（Arch Minchin）教授發現了外行人早已知道的事實，那就是氣味可以影響你在情緒上的感覺，以及影響你的能量狀態。旻金教授在研究中，讓待在受測環境中的個人接觸不同氣味。他發現

僅僅只是改變他們聞到的氣味，就可以大幅影響對方的感覺，並轉變能量狀態！

我記得我走進十六歲的女兒剛離開的房間時，空氣中飄散著濃濃的薰衣草香味。我問她這濃烈的味道是怎麼回事時，她說：「媽，我去學校考試前擦了薰衣草精油，因為我會考得比較好。其實學校有許多小孩都會在考試前擦薰衣草精油。這似乎對我們的考試成績有好的影響。」米朵和其他學生並不曉得薰衣草普遍被用做緩和劑。他們只知道這似乎會提高測驗成績。或許在考試前擦上這緩和劑，幫助他們比較不焦慮了，也因此提升了專注力。

氣味太過重要，我強調不完。比起我們其他的感官，氣味影響我們對於他人和事件的情緒反應。事實證明，一個人散發的氣味比起外表或聲音，更會激起他人的強烈反應，即便他們沒有意識到自己的味道！我們的氣味接收器非常敏感，一些物質的一個分子就足以刺激一個接收器死亡；我們的嗅覺系統可以感應到比一克麝香的一百萬分之一還小的氣味。

也許你已經發現幾乎每個人的家都有獨特的味道。儘管多數人沒有意識到自己家的味道，房子的味道是住家整體個性和特質的重要環節。家中的氣味可以劇烈影響你和家人的感覺，以及當賓客踏進家門時對你們的反應。你可以改變他人的感受，只要增加特定香味就行（或透過風元素淨化儀式去除味道）。舉例來說，只要在一個小碗裡放入雪松片、玫瑰花瓣，或在衣櫥裡放些松針，你就可以創造出只要走進那個空間，靈性就會立刻提升的感覺。

有許多不同的方式都可以為住家增添香氣，因而召喚了它們相對應的能量場。以下是幾種簡單的方式：

### 精油薰香台

薰香是將香氣滲透整個房間，甚至瀰漫房子裡一整個區域的絕佳妙法。薰香的方法很多種。最受歡迎的就是使用陶瓷薰香爐，爐上方有一個盛水的小碟子，往裡面加幾滴香氛。爐下方的凹槽處，放一枝能夠燃燒四到八小時的許願蠟燭。燭火的熱度會加熱上方的水，進而薰出愉悅又柔和的陣陣香氣到周遭。有些精油薰香台是用小夜燈來發熱，和精油薰香台一樣有效。這些薰香燈是用特殊瓷環或不可燃瓷環，點幾滴香氛在裡面。我不太推薦這種工

具，因為有時候精油會被燈泡加熱到焦掉，發出刺鼻的氣味。不過，有些擴香瓷環比其他的品質還要好，所以你可能要實驗看看。

在我們的山中小屋有燒柴爐，冬日裡我會在爐火上用慢火燜燒一大壺水。這不僅能為空間增添濕氣，加幾滴精油（通常使用松木或冷杉精油）到水中，還能創造清新美好的山居感覺。甚至加幾滴精油到浴缸，還可以把香氣擴散到空氣中，讓你泡澡時更愉悅。

### 擴香器

當我想要讓氣味遍及家中的大範圍，我就會使用擴香器。擴香的方法有很多種。你可以使用噴霧瓶（用來噴灑植物的那種），加入非常少量的精油。你可以用不同的精油製作許多噴霧。接著，有需要時，就用準備好的香氛噴霧噴灑房間。我在工作坊中使用這些噴霧都有非常棒的效果。深沉的放鬆運動後，我會用檸檬草或迷迭香的香氛噴灑房間，這能重新帶來活力卻又振奮靈性，幫助每個人提升注意力。冥想之前，我常常拿混合薰衣草和檀香精油的噴霧來噴灑空間，協助身心放鬆。

我常常在家裡使用電子擴香器，雖然有惱人的嗡嗡聲，優點是香氛能夠快速遍布大範圍，不需要擔心蠟燭引起火災。如此一來，當你外出時，便可使用電子擴香器。電子擴香器的運作原理是結合快速振動和小型噴嘴，將芳香的細密水霧擴散出去。另一種擴香器是風扇設備，將空氣吹過香片，擴散香氣。

### 其他的香氣擴散方法

有許多方法你可以幫助住家聞起來很香，而且感覺舒服。你可以考慮使用芳香蠟燭、線香、無煙霧的香水噴霧、芳香皂、有香味的花朵、一籃裝有天然香氛的百花香（精油，而非化學香精）。我覺得很值得一提的是，我發現能夠強效中和動物味的精油，那就是柳橙精油。如果有強烈的動物味，你可以針對汙漬或氣味使用酵素中和劑。

## 天然精油與人工香精

　　大部分商業製造的香氛，都會使用人工香精搭配天然成分。但如果你想要住家的整體能量有所助益，我強烈建議你使用天然精油，因為有許多人反應他們接觸到人工香精時，會有過敏反應，如頭痛、喉嚨痛，甚至噁心。精油是經過植物或藥草將精華蒸餾出來的天然產品，是經過蒸餾的方法萃取而成。經過這種方法蒸餾出來的植物精油，會比原本的藥草或植物的香味強烈七成，味道也更為集中。

　　天然精油不只含有更優質的香味而已，更重要的是，精油具有植物的能量和靈性特質。它們的味道不像人工香精那樣固定不變，因為精油會根據產地、氣候和土壤條件而有差別。人工香精沒辦法複製植物的靈魂，而就是植物的靈魂才能對住家的整體能量有所助益。雖然人工香精更平價、更穩定，但香精沒有辦法與森林及草地有美妙的連結，無法與大自然和精油具有的生命鍊化特質產生連結。

　　天然精油通常都能在健康食品專賣店取得。確定瓶裝標籤上寫的是「天然精油」，並且來自優質廠商。少數不肖廠商會將純精油稀釋，加進植物油中，並謊稱純精油販售。

---

以下是市售精油和效果：

羅勒：提振靈性、思緒清晰
佛手柑：提振靈性並鎮靜身心
雪松：放鬆、舒壓
洋甘菊：鎮靜、撫慰、適合爭吵過後使用
尤加利：振奮心神、淨化、滋補
茴香：放鬆、溫暖、平靜
乳香：鎮靜、釋放恐懼
天竺葵：平衡情緒起伏、帶來和諧
杜松：淨化、促進靈性提升

薰衣草：鎮靜、撫慰、放鬆
檸檬：提振靈性、恢復靈性、提升大腦注意力
檸檬草：淨化、滋補、促進靈性提升
萊姆：振奮心神、恢復靈性
柑橘：提振靈性、恢復靈性
墨角蘭：放鬆身心、減輕焦慮
沒藥：激勵、增強能量
橙花：舒壓、鎮靜
柳橙：提振靈性、恢復靈性
廣藿香：激勵、誘人魅力
松木：淨化、激勵、恢復靈性
薄荷：激勵、淨化、恢復靈性、提振靈性
玫瑰：情緒舒緩
迷迭香：激勵、淨化、提振靈性、適合讀書使用
鼠尾草：淨化身心
檀香：舒壓、撫慰心神、誘人魅力、釋放恐懼
綠薄荷：激勵、恢復靈性
茶樹：消毒、激勵（效果很強，請謹慎使用！）
百里香：激勵、活化身心、增強能量
岩蘭草：放鬆、恢復活力
依蘭依蘭：撫慰心神、誘人魅力

以下是適用於住家不同空間的精油參考配方：

臥室：玫瑰、薰衣草、天竺葵、依蘭依蘭
兒童房：稀釋後的薰衣草和柳橙

> 書房：薄荷、羅勒、迷迭香、佛手柑
> 工作室：薄荷、尤加利、迷迭香
> 客廳：柳橙、橘子、佛手柑，或松木和杜松
> 廚房：檸檬、葡萄柚
> 餐廳：檸檬、橘子（別在用餐時使用）、葡萄柚
> 浴室：薄荷、松木或玫瑰、依蘭依蘭
> 冥想室：檀香、乳香

　　氣味是非常私人的連結。我們都與氣味有強烈的連結。舉例來說，大部分的人都喜歡薰衣草的味道，覺得很放鬆。但我有一次遇到一位男士每次聞到薰衣草就很厭惡。最後發現是他小時候在祖母家聞薰衣草時，被蜜蜂叮到鼻子！重要的是，要用你自己的直覺來選擇味道，而不是一直遵循固定的配方。

　　我生活中的一個樂趣就是當一位小小的香氛鍊金術師。我有很多不同種類的精油，我會混合並搭配味道，直到我做出符合我心情的配方組合。通常，我會在一天當中使用能激勵心神的氣味，例如葡萄柚、檸檬、薄荷，而在傍晚思緒較平靜時使用讓我放鬆的味道，如薰衣草和檀香。如果房間裡曾有人生病，我會使用尤加利、迷迭香或杜松來清理空間。

> 以下是幾種參考配方，但記得要用你自己的直覺來挑選氣味：
>
> 冥想室：檀香四滴、乳香一滴
> 臥室：薰衣草四滴、岩蘭草一滴、橘子一滴
> 客廳：柳橙四滴、佛手柑兩滴、乳香一滴

　　我常常被問到是否能在淨化空氣時同時使用薰香台，我建議你要分開使用，因為好的空氣淨化方法會消除薰香台散發的香氛。

# 保存風元素的能量

## 淨化空氣

　　當住家空氣變得乾淨，你會創造一個有益的環境，允許風之靈為你家注入祂們的提神特性。我們很容易就遺忘周遭影響我們感覺的空氣。我們看不到也摸不到空氣，除非空間中有令人不愉快的氣味出現，否則我們通常不會想到周遭的空氣。然而，你呼吸的空氣會大大影響你的感覺，也會強烈影響你的氣場。

　　許多人非常謹慎選擇吃的食物和飲用水，但對於呼吸的空氣卻不會多想。我們對空氣，就像魚之於水一樣，魚除非離開水，否則對於周圍的水毫無概念。空氣幾乎就是我們的「存在根基」，導致我們常常忽略自己身處於空氣之海。房子的空氣品質會強烈影響你的健康和住家的整體能量。

　　空氣有實體和重量。事實上，空氣會在身體每一平方英寸的地方施加14.5磅（約6.5公斤）的壓力。這表示，身體上儘管只有三乘三英寸的部位，也被施壓了132磅（約60公斤）的壓力！我們的身體每天會吸進呼出9,460公升的空氣。這些空氣不只含有維繫生命的氧氣，更含有重要的「普拉那」（prana），或稱為「生命能量」。普拉那是瑜伽士強調呼吸多麼重要的原因之一，因為呼吸是取得並吸收周遭生命能量的方式。只是，我們的空氣被汙染，變得越來越難從周遭吸收乾淨的氧氣和普拉那。

　　即便是鄉村的空氣也不純淨。曾經有項研究在離城市汙染十分遙遠的高山山頂進行。他們在這些山頂收集冰雪，將雪融化，檢驗是否有汙染跡象。驚人的是，他們發現了鉛和外來雜質，像是汽車廢氣的物質。這表示在世界上，只有非常少數的地區能夠讓你呼吸到純淨、美好的空氣。

　　不只是城市的廢氣汙染了你呼吸的空氣，你的生活起居空間也散布著透過空氣傳播的有毒物質。這些有毒物質可能包括：甲醛和膠合板、粒片板、

老式的泡棉家具散發的乙醛氣體；水泥、磚頭、地面散發的氡；爐台散發的一氧化碳和氮氧化物；香菸也有無數汙染物質。

你呼吸的空氣被這些汙染物質剝奪了生命力。而這些汙染物質也扼殺了天然療癒成分的氣體——離子。

### 負離子的功效

氣體就就像所有物質，是由分子組成。每一個分子都有一個由正電荷質子圍繞負電荷電子組成的核。大自然總是追求電子與質子的平衡。宇宙中持續交互運作，對立卻又和諧的力量，象徵陰和陽，也在分子中出現。

（負）電子比（正）質子輕了一千八百倍，因此容易被汙染物取代。失衡時，就創造了正離子（這是「正」不一定代表好的一個案例！），正離子充斥於汙染氣體中，分裂而生，會取代負離子。

離子的平衡太重要了，我們沒有離子就不能存活。俄羅斯有一群科學家曾試著在不含離子的環境中飼養老鼠、兔子、天竺鼠等小動物，而這些動物都在幾天後死亡了。

許多國家的科學家都證明大自然中的離子失衡後，會有害於人類的身體和情緒健康。世界各地有超過七百件的科學研究資料都提出結論：正離子過多會有害，而負離子過量反而有益。

伊朗的研究員將葡萄球菌、鏈球菌和假絲酵母等細菌，暴露在負離子環境中。「六小時內，細菌數量就大幅減少了50%，而二十四小時之內則下降70%。意味著負離子是控制疾病的方式。」

美國的孔伯祿博士（Dr. Kornblueh）做過一項實驗，當上百個花粉症和氣喘患者待在負離子環境裡，63%的患者病情都完全舒緩或部分舒緩了。孔伯祿博士表示，「他們來的時候有打噴嚏、流淚、鼻腔搔癢的症狀，缺乏睡眠而疲憊不堪，慘到沒辦法行走。站在負離子機器前十五分鐘，他們就感覺好多了，還不想離開。」回到無離子環境後，他們的症狀舒緩能持續約兩個小時。

俄羅斯有一項實驗，研究負離子環境對於人類身體的效果，也有驚人成果。連續二十五天，一天有十五分鐘暴露在負離子環境後，人類的整體健

康狀態、食欲和睡眠狀態顯著提升。僅僅九天後，他們的工作能力增加了50%。二十五天後，生產力提升了87%！

　　負離子空氣清淨機對於燒燙傷患者有很好的效果，可以降低傷口感染機率，加速痊癒速度。這是因為負離子空氣清淨機讓細菌的衰退速率更快，像是葡萄球菌和其他透過空氣散播常見呼吸道疾病的病菌。

　　伊朗的另一項研究中，腦波圖指出人類待在富含負離子的環境中，腦波活動會變化。這項研究的實驗對象反應在療程後，他們因為注意力提升，而開始感到放鬆。研究人員將實驗對象的反應聯想到腦部枕骨到前額葉的 $\alpha$ 波轉變，而這發生在實驗對象正暴露於負離子的時候。

　　待在正離子環境中，常見的身體反應如下：

- 疲憊不堪，極度嗜睡。
- 早上很難爬起床。
- 起床時，頭部昏沉。
- 中午就開始打哈欠，需要小睡一下。
- 心情沮喪。
- 覺得緊繃和煩躁。
- 時常頭痛、花粉症、過敏。
- 覺得似乎要很用力才能呼吸。

　　有時候大自然會產生正離子環境，對人體產生衰弱的影響。這些正離子的風在世界各處都有不同名稱，但都代表麻煩，加州稱為聖塔安娜風（Santa Ana），加拿大稱為契努克風（Chinook）；德國是焚風（Foehn），法國是密史脫拉風（Mistral），而伊朗是大陸酷熱風（Sharav）。許多人因為這些正離子風而產生負面的影響。他們會因此頭痛、疲倦、四肢腫脹、噁心，甚至可能變得殘暴。處在正離子風的情況下，一個人的生物化學結構會受影響。血清素會過度提升，導致煩躁和緊張。

　　負離子環境會出現在海邊、松樹林、瀑布、雷雨的自然環境裡。你只須站在瀑布旁，就可以察覺到負離子如何影響你的感受。

　　負離子環境會讓你感覺放鬆，卻又提升靈性。有些人可能會用這樣的說法解釋這個現象：你感覺靈性提升，是因為看到大海、松樹林、大雷雨的壯麗而已。正因為降水和松針尖端都是負離子的優良製造器，導致空氣中有益的離子含量高，才讓你感覺到靈性提升。

| 自然的離子製造機 | 每立方公分的離子量 |
|---|---|
| 閃電 | 100,000,000 |
| 火焰 | 100,000 |
| 瀑布 | 25,000 |
| 海浪 | 5,000 |
| 山林 | 4,000 |
| 鄉間 | 1,000～2,000 |

| 人造地點 | 每立方公分的離子量 |
|---|---|
| 城市（待在戶外） | 0～500 |
| 住家或辦公室（沒有菸、空調和暖氣） | 250～500 |
| 住家或辦公室（有菸、空調或暖氣） | 0～200 |

　　在家中打造富含負離子環境的方法，就是買一台負離子空氣清淨機，向知名的公司購買。品質差的機器的放電針不是不鏽鋼或鍍鎳合金，而是由一些會隨時間鏽蝕的合金製成，因此幾個月後，你的機器便不會排放任何負離子。許多負離子空氣清淨機會從周遭牆壁或地板，收集中和過的汙染物質，因此你必須定期清理這些表面。我認為，讓灰塵留在牆壁總比留在肺部還要好。

　　幾年前，我送祖父母一台負離子空氣清淨機。幾個月後，我有機會去拜訪他們位於洛杉磯的家。我抵達時，我的祖母有點不開心，她說：「丹妮絲，妳來看看。」她帶我走進之前放空氣清淨機的地方，看見機器附近的牆壁幾乎全黑，我都嚇傻了，無法相信原本的牆壁曾經是淡粉紅色。

我在美國西北部的家中，汙染物質相較低。我使用空氣清淨機時，牆壁沒有任何可見的「陰影」。但這幾個月來，洛杉磯的汙染程度眾所皆知，我的祖母因而要處理變黑的牆壁。這就是負離子空氣清淨機有效的鐵證。

使用負離子空氣清淨機時，牆壁變髒的原因是因為灰塵和汙染粒子帶正電荷，會吸引負離子，負離子將負電荷轉移到灰塵粒子上。灰塵便帶有負電荷，會吸引更多帶正電荷的灰塵，直到灰塵粒子變得越來越重，無法飄浮在空中，最後降落到地面。因為牆壁些微帶正電荷，也會吸引帶負電荷的灰塵。負離子空氣清淨機真的會將空氣中的灰塵「電鍍」到牆上。

為了避免牆壁變黑，我建議你將空氣清淨機放到房間中央，而不是放在牆壁旁，因為牆壁會吸附、收集附近地板上經過中和的有毒物質。在汙染地區，即便你把清淨機放到空間中央，牆壁上可能依舊會有「陰影」。

你可以用幾種天然方法在家中製造負離子（雖然達不到負離子製造機產生的含量）。蕨類是負離子的優良製造器，我習慣放許多蕨類在用來進行療癒的房間，因為我發現個案釋放的情緒真的會改變房間內的離子平衡。你可能聽過爭吵後的這種說法，「空氣中瀰漫著電流火花（the air was charged）」。人們真的會在療癒釋放的過程中，或情緒緊張時，散發正離子電荷（charge）。我發現房間中的蕨類可以中和空間裡的一些正離子，創造平衡。假如許多人經歷療癒的緊要關頭時，蕨類就會枯萎，必須要換掉，我會特別感謝那些蕨類的「給予」。用水噴灑空間，也會創造負離子環境。

## 臭氧製造器

臭氧是高度不穩定的氧氣形式，每個分子中有三個原子，而非一般的兩個。當電荷將氧分子分裂成分離的原子時就會產生臭氧。氧原子三個一組時（$O_3$），就會變成臭氧。乾淨的氧（$O_2$）不會有三個原子，所以會一直試圖擺脫其中一個原子。

臭氧集中在地表上空的大氣層，這也是生命能在地球生存的主要原因，因為臭氣形成了保護層，擋在地球與太陽之間。臭氧可以透過閃電、瀑布，甚至是雪地上的陽光反射而自然產生。臭氧也可以藉著機器產生，用來淨化水和空氣。臭氧是這世界最強大的消毒劑，它可以分解有害和有毒氣體的分

子，以及分解細菌和有機物質。臭氧在某些情況下，比標準的空氣清淨過濾方法還更好，因為臭氧會中和氣味、細菌和分子形式的氣體，這些氣體沒辦法被多數的空氣過濾設施消除。

如上述所提及到的，閃電是大自然創造臭氧的方式之一，優良品質的臭氧空氣淨化方法製造臭氧的方式跟閃電類似。閃電只有單一極性，這代表閃電不是正極就是負極，不會改變。美國的電流循環就會改變，它以每秒六十次的速率在正極和負極之間來回擺盪（歐洲和世界多數地方的速率是每秒五十次）。

儘管臭氧製造機依然有些爭議，科學家都同意臭氧會中和空氣的一些汙染物質。多餘的氧分子會接觸有毒氣體，並中和這些氣體。細菌、黴菌、真菌接觸到臭氧時，也都會被強效消除。

臭氧製造機也能順利中和氣味，用在魚肉加工廠、戲院、寵物店、酒吧、倉庫和醫院。有時候人們豢養動物當寵物時，房子的氣味聞起來反而更像一間牛舍。在產生動物味的房間，打開臭氧製造機，短時間內味道就可以完全消除。此外，廚房氣味，像是魚腥味或鍋子燒焦的煙味，也可以透過臭氧製造機順利消除。

我會在臥室使用臭氧製造機。通常只在白天使用，因為它會發出微微的嗡嗡聲。不過，踏入臥室時會感覺很美好，因為整個房間聞起來和感覺起來很乾淨和純淨。

### 其他的空氣淨化方法

淨化住家空氣的平價方式就是購買空氣過濾系統。這些機器會吸進空氣，送到後方穿過濾網來淨化。最有效的過濾系統稱作高效率空氣過濾網（HEPA），醫院都會用此消除透過空氣傳播的汙染物質。另一種能清淨空氣的方始就是時常更換暖氣或空調系統的濾網。

以下這三種的空氣清淨機都非常適合住家，大小通常都不會超過麵包箱的尺寸。

|  | 優點 | 缺點 |
|---|---|---|
| 負離子空氣清淨機 | 中和透過空氣傳播的汙染物質，在空間製造電荷，提振心情。有些機器非常安靜。 | 很難清理牆壁和表面，不能中和有毒氣體。 |
| 臭氧製造機 | 中和有毒氣體，消除氣味，殺死細菌和黴菌。 | 有些微噪音，不能影響透過空氣傳播的灰塵或粒子，劣質的機器會產生光化煙霧。 |
| 暖氣濾網、立式過濾設備 | 過濾透過空氣傳播的粒子和一些細菌（只能過濾較大的有機體），通常比替代方案便宜。 | 無法影響有毒氣體，假如濾網沒有定期更換，有時會變成黴菌的培養皿。立式設備很吵雜。 |

## 召喚風之靈進入你的家

吸引風之靈到你家：

### (1) 淨化空氣中的沉重能量

使用空氣淨化系統來消除有毒氣體、汙染物質、細菌和黴菌。

### (2) 淨化空氣中更精微的乙太能量

使用精油薰香台或擴香器，讓空氣中充滿花草的乙太能量。

### (3) 呼請風之靈的魔法，充滿住家

打開窗戶或門，請求風之靈進入。如果風之靈降臨，就算是無風的天氣，當祂們飛進你家時，你也會感覺到明顯的微風。而且，在房子外圍或窗外擺放布做的風標、風向計、風車或風鈴，也會吸引風之靈。空氣仙子和風之靈喜歡這些心血來潮的物品，也會透過這些物品跟你交流。

# 7

## 第7章

# 療癒的土元素

「母親，我感到妳的心跳。母親，我感受到妳就在我的腳下。」吟詠緩慢揭開序幕。家人聚在一起，榮耀大地母親。他們坐在夏日的甜美青草地上，輕柔又緩慢的開始吟唱。當吟唱的聲音逐漸變大，他們開始一位接著一位起身擺動。「母親，我感受到妳的心跳。母親我感受到妳就在我的腳下。」幾乎在同一時間，吟唱戛然而止，寂靜瀰漫整片草地。接著，彷彿大地母親回應了呼喚，傳來一聲嘆息，這深層的共鳴能量如漣漪似的，從大地噴湧而出，蔓延每一個人。淚水湧出，長久緊閉的心房敞開了，破碎的夢想再次重生，可以聽到感謝的呢喃無所不在。「她充滿生命力！她聽見我們了！」

金黃的太陽緩緩沉入地平線的西邊。睡著的孩子被強壯的手臂抱起。人們穿著涼鞋返家。今日即將落幕，但今日之事會長存在這些人心中。

　　四大元素中，沒有一個元素跟大地一樣令人敬畏。最古老的文化會崇敬大地，將大地當作一位有意識的存有，祂在所有層面看顧著地球上的生命。與大地有緊密連結的古代文化，認為大地母親具有生命、豐饒多產，孕育地球上的所有居民。曾經，我們與大地有深深扎根連結的夥伴關係。古代的觀念認為人們與地球共同生活，而非僅僅生活在地表上。十五世紀的煉金術士貝西・瓦倫泰（Basilus Valentinus）曾說：「地球不是一具屍體，而是棲息了一位大靈，是地球的生命和靈魂。所有造物，包括礦石，都會從地球大靈中汲取力量。這位大靈是生命，由星辰所滋養，並將養分給予在其子宮中獲得庇護的一切生靈。」

　　大地信仰幾乎在現代社會銷聲匿跡了。十九世紀末葉，一位北美的蘇族印第安聖者，對大地信仰的觀念消失，由衷感到沮喪，他說：「你要我在地上開挖？我是要拿一把刀插進我母親的胸膛嗎？但到我死亡的時候，她就不會再次將我拉進懷中了……那時我就再也無法進入她的身體，並再度出生。你要我跟白人一樣，收割牧草和玉米，並賣來賺錢。但我怎麼敢剪掉我母親的頭髮呢？」

　　不過，也許在所有人的心靈深處，都與地球有神祕的連結。或許我們每個人內心深處，都確定人類的生命是由大地孕育出來的，因為人類又再次對古老觀點產生興趣了。蓋婭（Gaia）是希臘的大地女神，現代的大地信仰提倡者便支持所謂的蓋婭理論。那些支持這個信仰的人，記得我們從未與大地遠離，我們對大地所做的一切，就是在對自己做的。當我們崇敬大地，我們也獲得崇敬。

　　大地的元素是沉著和增強力量。土之靈帶來穩定、古老智慧、力量。從壯麗的山巒到徐緩的山丘，再到甜美的青草地，大地帶來療癒與力量。呼喚土元素到你家，可以創造寧靜和穩定的能量。你的家就會在變遷的時代裡，變成一座堡壘。任何到你家的人，都在潛意識裡被土元素能量影響；離開你家時，他們會更加沉穩，更確定自己的生命方向。當大地母親進駐你的家，即便是那些經過你家附近的人也會被影響，會感到內在更有力量。

# 連結土之靈的事前準備

### 連結土之靈的步驟：

1. 安靜坐著，讓思緒沉澱下來。
2. 抓一些土在手中。每一把土壤都充滿大地母親的精華。感受土裡的生命靈魂。
3. 讓你的意識沉入下方的大地。（即便你住在公寓大廈，也感受下方的大地。）
4. 擴展你的意識，充滿整個美麗的大地母親。感覺祂的力量包圍你，從你身上發射出去。
5. 觀想土之靈充滿你。讓這力量和地球上高山之美充滿你。感受並發現一部分的自己跟大地有了默契，而你的淨化儀式會更扎根和療癒。
6. 感謝土之靈注入你和你的家。

## 用鹽淨化空間

鹽是大地送給孩子最珍貴的禮物，具有中和負面能量並清理氣場的功能。淨化空間前最佳準備工作，就是洗鹽水澡。鹽水不只會淨化你，實際上也會增加你淨化房屋時接通能量的能力。加進水中的鹽，會藉由水提升導電性。泡鹽水澡時，我們半透膜的皮膚會被這富含鹽分的浸泡溶液影響。浴盆中的鹽，會與人體神經系統中的生物電能，產生交互作用。我相信泡鹽水澡會提升我們的能力，變成身體周圍電能場的發射站；會提升神經傳導物的乙太能力，並提升神經突觸間的乙太生化傳遞，而神經突觸是神經交流時的間隙。這會透過身體經脈系統創造更大的能量流，經脈系統是能量管道系統，是針灸的基礎。

為了將能量扎根並淨化氣場，將四百五十到九百公克的鹽和四百五十公克的蘇打粉，倒進澡缸裡溶解後，泡半小時的鹽水澡。過程中，完全放鬆自己，觀想你自己也溶解在鹽中。想像鹽清理你身體的每一處，淨化你身心靈的每一個地方。

　　泡完澡後，殘留在你肌膚上的鹽，會讓你感覺自己好像剛剛在海水裡游泳——並不一定會不舒服。但如果你想要的話，也可以在泡完鹽水澡後，再沖個澡，沖澡不會減弱淨化儀式的效果。

　　也可以用另一種鹽澡，開啟你接通能量。將四百五十公克的瀉鹽倒入水中溶解，泡十分鐘的瀉鹽澡。泡完瀉鹽澡，用冷水沖洗乾淨。瀉鹽澡很適合在淨化空間前進行，你會接通流過身體的精微能量。

## 土元素的淨化能量

　　淨化住家最有效的工具就來自大地。源於大地子宮深處，結晶鹽是地球上最厲害的療癒和淨化工具。如果我只能用一樣工具來淨化空間，就會用鹽。

　　鹽是珍貴的資源，幾千年來古人都很重視鹽，他們都知道鹽的驚人療癒力。人們從開天闢地以來，就知道鹽作為醫藥、防腐劑、連結靈性世界的強大用處。在古代，鹽是非常珍貴的東西，得用三十公克的黃金來換三十公克的鹽，而且早期中國甚至把鹽當成貨幣使用。

　　幾世紀以來，許多語言和文化都證明了鹽的價值。據說卡巴拉傳統信仰認為鹽是神聖的字詞，因為它的數值就等同於神的力量之名「耶和華」（YAHWEH）乘以三倍。

　　鹽在古代被用來替代母神的新生之血。猶太教和基督教都用鹽替代聖壇上的聖血，因為鹽來自海洋子宮，帶有血液的味道。

　　因為他們認為鹽代表「聖靈之血」，傳統的羅馬婚禮會讓新郎與新娘共享一塊由麵粉和鹽做的糕點，這個儀式是要創造夫妻之間的血肉連結，他們就會神奇的變成血親。有些文化中的民俗會灑鹽，是出自於血液與鹽之間的連結——當你灑鹽，等於灑血。

　　《聖經》中提及「鹽約」（《民數記》18：19），聖約就跟血液一樣有約束力，永不毀壞。阿拉伯人分享麵包和鹽，創造有約束力的聖約。閃米特族的先知用「大地之鹽」表示大地母親真正的血液。基督徒用同樣的詞彙暗指真正的預言。即便是現代，我們想說某個人真的值得信賴時，我們會說他們

是「大地之鹽」（the salt of the earth）。鹽因此與智慧、穩定和力量有關。

## 鹽是天然的淨化工具

　　鹽具有卓越的淨化特質。鹽在大海中是抗菌劑，用來殺死細菌。雖然海洋跟土地一樣被相同的嚴重汙染物質影響，但鹽水自行恢復的速度更快。海洋中的鹽，能夠中和並摧毀一些汙染地球海岸線的生物汙染。海洋是一個全程自我清理的環境，這要歸功於水中的鹽分。

　　許多文化傳統會在儀式中用鹽清理並淨化負面能量。教堂的鐘，會用鹽和水進行塗油禮，祝福並施洗，祈求神透過鐘聲的力量驅散惡靈。受洗過程中，會在嬰兒身上塗抹鹽驅走邪魔。

　　很多基督教用鹽的方式，被認為是仿造羅馬人用鹽驅邪的方法。朝左肩灑鹽避免厄運，是古代的習俗。過去，鹽是珍貴的商品，所以為什麼要灑那麼珍貴的原料呢？因為他們相信「惡靈」在人的左邊，而善靈則在右邊。當鹽灑過左肩，就會困住那些等待機會製造災害的邪靈。無論這是否有效，指出一項重要的事實：鹽是中和負面能量的首要元素。

　　幾乎在我花時間接受訓練的每一種原住民文化裡，鹽都用來淨化。我在1970年代初期，跟隨夏威夷卡胡那受訓，學到的一項基本技巧就是使用鹽淨化空間。事實上，我學過的每一個空間淨化的習俗技巧，都會用到鹽。

　　鹽的力量來自於它本身的晶體結構。現在，我們正進入一段有大量、多種的乙太能量進入地球的時期。這幾年來，水晶的運用開始增加，因為它們很適合用來接通與校準這些新能量。

　　鹽是所有晶體中最容易取得的物品，而它的結晶特質能夠幫助我們接通自身能量和住家環境能量。鹽的用處不只是校準新能量，還能作為乙太生電能量的導體，它會增加經過我們和住家的乙太能量。

　　進行自家的淨化儀式時，最好是用天然鹽——食鹽會添加少量碘化物，因此選用那些沒有加入碘化物的海鹽或岩鹽。你的選擇取決於你要透過淨化技巧達到什麼目的。海鹽會召喚海的力量，對於清理和情緒療癒特別有幫助；岩鹽則是連結大地的力量，非常適合達到平衡與扎根的效果。然而，這些差別很細微，所以整體來說用哪一種都會達到類似的效果。

# 用鹽淨化你的住家能量

把鹽放到碗裡，捧著碗，請求土之靈的祝福注入鹽。走進你要淨化的房間，走到最東邊的角落。往角落灑一搓鹽，並說：

> 「神聖之鹽，地海之鹽。
> 淨化此處，解放我等。」

或者你可以用任何符合你靈魂需求的禱詞。讓你的心引導你選擇祈禱文。

朝空間的四個角落灑鹽後，走到房間中央，開始以順時針螺旋的方式往外繞行。有任何地方的能量感覺黏膩、沉重、冰冷、卡住，再灑一小搓鹽。運用直覺決定要灑在哪些地方。只要對任何來自空間的資訊，敞開你的心和情緒就好。完成後，請說：

> 「萬物之下的大地母親！
> 現在請聆聽我們，回應呼喚。
> 進入此屋，神聖之處，
> 療癒此處所有的居民。」

儀式後，可以用吸塵器吸掉部分的鹽，但要在角落留下一些。

## 用鹽創造能量漩渦

我們可以透過儀式達到快速有效的淨化，就是在房間中央創造能量漩渦。這項方法需要用到研磨成細粉的鹽。方法是使用缽和杵來研磨鹽，磨成最細緻的晶體。接著站到房間中央，張開雙手掃過空間，朝周圍灑鹽。以順時針方向進行。這些非常細緻的鹽，會淨化空氣和房間裡隱蔽的地方。

### 用鹽圈住你的臥室

如果你覺得自己因為生活中的外界影響而身心失衡，覺得自己被他人的負面思想或情緒影響，或是你正被惡夢困擾，你可以在臥室使用鹽來對抗這些影響。這個方法會幫助你建立自己的能量場，不受他人干擾。

用鹽在房間外圍做出一個大圓，包括角落。接著再做一個小鹽圈包圍著你的床。這個方法不需要用很多鹽，只要灑一小撮就有效，能創造夜晚入眠時包圍你的保護圈。這個方法特別有效，是因為你在睡覺時是處於高度接受暗示和脆弱的狀態。

夜晚入睡時，你會受到鹽圈的保護，遠離他人的情緒和想法。睡在鹽圈中，你的頭腦能夠以平衡和穩定的方式自由處理資訊，並且清除一天當中累積的所有負面能量。夜晚因此變成休息和恢復活力的時間，鹽圈會幫助你在起床時感到安全和能量飽滿。

## 召喚土元素的能量

大地給予我們最有力量的工具，讓我們用來補充和召喚能量到家中。這個來自大地母親的禮物，就是我們熟知的白水晶。這項美麗的工具是來自於大地母親的深處。

白水晶由二氧化矽組成，跟鹽一樣，是地球最常見也富含最多的礦物成分。二氧化矽用於現代的電子科技，是電腦系統的基本零件。二氧化矽會在電腦科技領域中作為常見的基本零件，是因為它有傳導電脈衝的功用，而電脈衝會變成電腦裡的內部訊息。水晶除了能傳送電脈衝外，也有振動、並能發射全光譜的所有色彩頻率。水晶能夠產生並啟動能量。

世界各處的許多古老文化中，水晶都在神祕傳統裡被發掘和運用。在我自己的部落裡，也就是卻洛奇族，水晶用來預言和調頻進入內在次元。水晶也被許多美洲原住民部落運用，包含阿帕契族（Apach）和霍皮族（Hopi）。

　　當你將水晶放在家中，就能夠透過水晶發出自己的意圖。雖然水晶或任何石頭本身並不神奇，但它們的確能扮演人類意識的催化劑。它們能夠滲透、轉化、傳送你的意圖。

　　你家（以及所有生命）中的所有東西，都會維持特定的振動或頻率。當它們的最佳頻率下降，物品就會失去自身的生命力。當你在房間內放一顆水晶，就可以作為投射能量頻率的製造機，讓能量頻率被你家和家中物品吸收。因此，水晶會幫助家中物品維持最佳頻率。白水晶的缺點，就是需要定期淨化來維持它的傳送特質。

　　經常淨化你的白水晶，會維持它的生命力。如果缺乏淨化，白水晶最後就會失去振動頻率。在白水晶看起來失去「火花」時進行淨化。你可能只需要每幾個月淨化一次；或者你正處於轉變時期，則可能需要每週淨化水晶。絕對要在你每年的泉水淨化儀式裡，清理水晶的能量，重新啟動或重新設定它們的能量。

　　將水晶放在一塊絲布上，在陽光底下靜置三到四小時。這個方法是利用陽光的療癒和消毒力量，淨化並重新補充水晶的生命力。

　　你也可以利用鹽和水淨化水晶。把半杯鹽倒進一杯水裡，將水晶埋進鹽裡一點點，讓水晶浸泡這杯鹽水至少二十四小時。這個方法能夠穩定和淨化你的水晶。

　　另一種淨化水晶的方式是用尤加利精油。將水晶拿在手中，並在表面各處塗抹尤加利精油。抹油時，從底面（底部或平坦表面）抹到琢面（尖端或水晶所有邊線聚集的頂點）。如果沒有陽光可以淨化水晶，或你沒有時間花二十四小時用鹽水淨化水晶，那麼尤加利精油的方法很好用。尤加利精油的淨化效果，加上在水晶上搓揉的動作，會重新啟動並淨化水晶。

## 程式化你家的水晶

　　要將你的水晶設定成住家能量製造機的話，先將淨化過的水晶放到第三眼（這是身體主要的能量中心之一）。如果你要把水晶獻給住家帶來保護和安全，你可以說：

「我把你獻給這個家的安全與保護。
感謝你的協助。」

　　你或許可以把水晶獻給住在這個家的人，幫助他們的靈性成長、豐盛、昌榮、愛、良好關係或是溝通、真相。你可以將水晶放到你家的每個房間，將每一顆水晶獻給不同的目的。舉例來說，你可以在廚房，把水晶獻給家庭的力量和滋養。另外，你可以在房子中央準備一顆水晶，獻給整個家的整體意圖。

　　你可以把你的住家水晶擺出來展示，或是收好。做你覺得適合的選擇。不過，如果你有許多訪客，我建議最好放在視線之外，因為水晶容易受到周遭的能量場影響。

　　其他礦石也會召喚能量到你家。這些礦石可以在需要的時候擺放在家中，或收在角落，即便看不到它們，它們也會散發自身特定的效果。

### 印度神石

　　這是我最喜歡的居家礦石。雖然關於這顆鵝卵石的起源眾說紛紜，但最常見的理論是：印度神石（Linghams）是來自幾百年前掉落印度河的流星雨。目前所知它們的礦物成分對地球來說非常特別，可能真的是來自遙遠的星辰。關於它們來源的真相，可能沒有比這些石頭的力量和振動來得重要（它們在印度和西藏受到尊崇，會被放在喇嘛寺的高台下）。水晶的能量跟水一樣液態、輕盈，而印度神石的能量就像大地一樣固定、沉穩。

　　印度神石不需要跟水晶一樣時常淨化，但它們喜歡被定期榮耀。傳統上會用檀香油塗抹，在下方擺放花朵，因為它們通常被放在高處。印度神石可以擺放出來，因為它的扎根特性不會輕易被其他的能量場影響。放在你家的印度神石會帶來驚人的力量和扎根接地，它是非常陽性的能量。如果家裡有人的能量太輕飄飄，無法扎根接地，就很適合使用。它也是非常厲害的保護者，會維持你家能量場的完整，好讓你家不會輕易受外界影響。

以下，簡單介紹你可以用在家中的礦石，為你的生活空間補充能量，召喚生命力。

瑪瑙：穩定和平衡；紅瑪瑙補充能量；藍瑪瑙帶來平靜

琥珀：吸收負面能量的功效非常好

海藍寶：撫慰、鎮靜、連結亞特蘭提斯

東菱石：療癒、舒緩呼吸

雞血石：消毒、療癒、增強力量

紅玉髓：專注和動機；自信和行動

黃水晶：清晰想法、自信、交流、下決定

珊瑚：體力和決心

螢石：創造力和靈性覺醒

石榴石：啟動熱情和生命力

玉：療癒、舒緩、豐盛

青金石：靈性覺醒

孔雀石：平靜、智慧、和平

粉水晶：愛、孩童、家庭、創造力

舒俱萊石：內在視野、冥想

煙晶：豐盛、智慧、居家水晶的好選擇

虎眼石：扎根、專注

電氣石：扎根、中和負面能量、心靈保護、淨化

月光石：陰性能量、乙太能量、愛

珍珠：愛、陰性能量、月亮、水

方鈉礦：靈性覺醒

寶石將光的生命以純淨、可見的形式呈現。這個形式納入了完整色彩光譜中的許多顏色。每一個顏色都保有特定的振動模式，對應到特定的能量，激發特定的情緒反應。寶石可以裝在碗裡，放在空間；或是埋進室內盆栽的

土壤裡，或是埋在你家戶外。不論寶石在哪，它們都會從大地帶來美妙多變的振動能量。

來自特殊地區的礦石非常值得一提，例如，假設你在美麗的大自然中找到一顆漂亮光滑的鵝卵石，這個石頭就會具有「河川、樹木、天空的能量」。如此一來，你可以將這美麗大自然的振動能量帶到家中。

購買或取得礦石的時候，要小心特定礦石的能量。如果它是從大地開採，而且在抵達到你手中的過程中沒有受到敬愛，它可能就無法具有「快樂礦石」的美麗能量。因此，我大部分的礦石都是一般的石頭，而非寶石，但它們由內而外都是「快樂的礦石」，而且為我家帶入快樂的能量。

# 保存土元素的能量

## 守護之樹

我小時候有一棵樹是我非常特別的朋友。我在成長過程中，常常需要一個朋友，因為我的家庭生活有很多麻煩和創傷。當我有太多痛苦，我就會沿著路往下跑，跑到河邊。河岸旁有一棵高聳的樹，樹枝低垂，在黃水滾滾的急流上方，危險的垂掛著。當我的雙手碰到粗糙的樹皮，我就感受到一股神奇的平靜流入我的身心。好像一股從大樹散發出來的鎮靜和諧能量波傳到我身上。我沿著多瘤、糾纏的樹枝往上爬，爬到河流上方的一根長樹枝上。那根樹枝上有個地方，總是在我造訪時撫慰我，我可以藏身於樹葉裡。我很安全。唯有在那裡，依偎在我強壯朋友的手臂，我才終於能夠放聲哭泣。幾個小時後，我會沿著它的雜亂樹皮緩緩爬下，感到煥然一新，對內心和世界重新燃起希望。當我年紀還小時，就能感覺自己被樹木的愛保護著。

## 樹木也有靈魂

在你住家旁邊或周圍的樹，可以提供保護的能量。古往今來，樹木都被認為擁有靈魂。樹被當作一位有生命的存有，也因為它們是智慧和保護的神聖源頭而受到尊敬。北歐傳統信仰中，眾神之父據說創造了宇宙之樹，

稱為世界樹（Yggdrasil）。古希臘人會崇敬樹，認為樹包含了神靈的神諭本質。樹是預言之處，因此希臘的多多納（Dodona）神諭聖樹是「會說話的橡樹」。據說，當祭司走入樹林，樹就會用人類的聲音開口說話。有個傳說指出，宙斯就住在一棵特定的橡樹裡，這棵樹也變成大家熟知的「神諭橡樹」。

卻洛奇族以及其他許多美洲印第安部落，都認為樹很神聖。他們通常只會運用自然倒下的樹，而不會去砍伐活生生的樹。如果一棵樹倒下了，他們就會請求樹木應允，並獻上禮物，以回饋它給予部落的生命之禮。

紐西蘭的毛利人，就像多數的原住民一樣，認為每棵樹都有靈魂。當樹木被砍下，靈魂無處可去，必須返回天上的星辰，而在地球上的我們會遺憾樹木的死去，感到難過沮喪。

也許大家熟知最尊敬樹木的人是塞爾特人（Celts）。對古塞爾特人來說，樹木非常神聖，尤其是橡樹。塞爾特族酋長的靈性導師，稱為「德魯依」（Druid）。德魯依代表「橡樹之人」。德魯依會用二十五個神祕的字母溝通，其中有十四個是樹木的名稱。每一棵樹都代表特定的靈性特質，透過字母的命名傳達特質。

有許多故事敘說森林精靈（dryad）會離開樹木的家，進入戰場中捍衛塞爾特人。樹靈只能離開樹木一段短暫的時間而已，也不能到離樹木太遠的地方，因為這樣就會死亡。塞爾特人打仗時，樹靈常常離開太久，最後為了捍衛朋友而死去。

## 樹木是抵達神祕世界的通道

某些薩滿信仰中，樹木是地球居民前往其他世界的門戶或通道。在神入的狀態中，薩滿的靈魂會藉由樹根踏上旅程。樹根是前往內在領域和下部世界的旅行通道。樹是實相世界和神祕領域的過渡站。加州印第安人利用樹木的殘根進入神聖旅程。澳洲的阿倫特族也會運用空心的樹。亞馬遜印第安人會依循著樹根進入下部世界。

## 植物也有意識

曾經有資料記載植物也有「意圖」，它們會回應周遭的環境，就以蒲公英為例。野外的蒲公英會長到幾呎高，但長在花園中的蒲公英不會超過讓它們致命的割草機。

第一位描述植物具有意識的科學家是維也納的生物學家勞爾・法蘭西（Raoul Francé）。他說，植物具有獨特的感知能力，甚至會溝通。他後來感覺植物對暴力有反應，也會感激善意的對待。二十世紀早期，大多數科學家都忽略法蘭西的發現，但是在1960年代，一群研究員證實了他的研究，植物真的有意圖，而且真的能夠跟人類交流。

另一位知道植物有意識的科學家是路德・柏班克（Luther Burbank, 1849-1926）。他因植物的異花授粉和選擇育種而為人熟知。他在當時能夠做到傳統科學家做不到的成果。他表示，「改善植物育種的祕密就是愛。」這項方法的知名例子就是培育出用來餵食牲畜的無刺仙人掌。柏班克對仙人掌溫情喊話，讓它們知道自己不需要刺。藉著打造充滿愛和信任的環境，他最後培育出新的無刺品種。

## 光之樹

擁有一棵守護之樹，會是療癒、力量提升、光的重要來源。未來幾年，樹木會變得越來越重要，因為樹木是能量的連結點。樹木是和諧能量及頻率的入口，因為它們能夠滲透和傳送能量。給予樹木尊重與愛，會讓樹木變成更有力量的漩渦，帶入能量和光。你的守護之樹對你整個家庭和周圍環境來說，也會是能量和療癒的強大傳送點。我看過有些樹散發到各個方向的能量，大到一哩之遠。

要呼喚樹木的能量來保存家中的能量，先在庭院或附近的公園，找一棵你可以連結的大樹。你選擇的樹不需要就在你家旁邊，找一棵你待在它旁邊感覺舒服的樹，這樣的強烈感覺代表這棵樹適合作為你家的守護之樹。

### 光之樹冥想

站著或坐在你選中的樹旁。舒服的坐著，脊椎打直，靠著樹幹，或是用手臂環抱樹。呼吸、放鬆、放下。讓你的意識與樹融合。感覺樹木湧出一股能量。「感覺」地底深處的樹根和高掛天空的樹枝。詢問樹木的名字，請求森林精靈和樹靈圍繞你家。

表達感謝，留下禮物、信物，對樹表達善意，這非常重要。原住民的信仰總是會給予某些物品，以示回饋（我知道北美的印第安黑腳族在拜訪他們的樹後，都會留下一枚亮晶晶的銅錢）。

## 仙子、地精、小精靈、樹精、水之女神、火精

由於我們已經踏入現代科技的世界，仙子與精靈界開始減少。我很難過，看到整塊土地沒有任何元素存有或仙子。把你家的庭院變成歡迎所有生命存有的環境，包括仙子與精靈，是特別重要的事情。哲學家帕拉塞爾蘇斯（Paracelsus）將可見層面的存有稱為「元素」（elemental），雖然多數文化都有精靈傳說的故事。元素存有分為四大類：地之靈——小精靈、地精、山妖；水之靈——水中女仙、水之女神、水精；風之靈——空氣仙子；火之靈——火精。這些元素都是精靈傳說的故事種類，儘管多數人提到精靈時，只想到花朵和植物精靈。

我曾經跟我的夏威夷卡胡那老師走進熱帶的夏威夷森林。她是位溫柔又優雅的女性，靈魂深處住著土之靈。我們會帶著一大籃木瓜、芒果、香蕉、鳳梨當作禮物，走進森林，獻給梅內胡內之王（精靈之王）和祂的族人。她會走進森林深處，而我會「站崗」等著她。她回來時籃子已空，告訴我她與梅內胡內的對話。她有靈視的天賦，能看見精靈，並與祂們溝通。

### 吸引精靈到你的花園

精靈是真實存在的生命，在住家周圍創造吸引元素能量的環境極具價值。

要創造一座有益於「生命」的花園，不是只有植物，而是所有生命。設

置鳥屋、鳥盆、鳥類餵食器、蝙蝠屋、蜂鳥餵食器。種植會吸引蜜蜂和蝴蝶的花草。精靈會被蝴蝶出現的任何地方吸引。打造一座夜間花園，吸引夜行動物，像是蝙蝠、貓頭鷹、蟋蟀。在外面放花生給松鼠吃。即便是在大城市中心，野生動物的數量也很豐富。你將「生命」帶入花園中的任何行為，也都會帶來精靈和元素靈。

以下簡短的植物清單等於「歡迎光臨的邀請函」，讓美麗的蝴蝶（和精靈）拜訪你的花園：蓍草、友禪菊、金雞菊花、茴藿香、薰衣草、迷迭香、麝香草、互葉醉魚草、大葉醉魚草、金露梅、碧冬茄、馬鞭草、高加索藍盆花、大波斯菊、百日菊。

夜間花園要使用白色花朵，因為它們耀眼的顏色會在薄暮，甚至是黑夜裡，脫穎而出。夜間花園也要種植只在夜間開花的花朵。夜晚時會散發強烈香氣的花特別適合夜間花園，像是花煙草、紫茉莉、白色品種的歐亞香花卉。

設置一座小型的噴泉或瀑布，或是做一個池塘。你可能想要放上天使雕像或聖方濟雕像，這些花園雕像會吸引風景天使。任何會反光的物品（像是閃亮的庭院球），或是色彩繽紛會移動的物品（例如旗幟），都會吸引地精和精靈。仙子和水中女仙都喜歡水花濺起的聲音和噴泉景象。

留下庭院中的一個地點，保持一點野生的樣子，不需要太過整理。元素靈喜歡這樣。不需要很大的空間，但就留下一個地方獻給仙子，祂們會感受到歡迎之情。

請求仙子和精靈來到你的庭院。「能量跟隨思想。」不論你把意識帶往何處，你就會把它拉進自己的生活中。當你將意圖放在仙子、地精、元素界，祂們就會回應你，進入你的庭院。

## 能量庭院

如果你家剛好有個庭院，庭院產生的能量可以協助你維持住家能量。你可以創造一個能量庭院，它不需要很大。即便是十幾平方公分的小庭院，也可以創造美麗的能量場。要決定你想要在庭園製造哪種能量，這很有意義，因為它會影響你家的能量場。如果你想要你家的樣板是製造熱情、活動、移

動，那麼把你的花園打造成聲音、顏色、香氣、視覺刺激的交響樂，運用鮮豔的紅色、橙色、亮黃色。你可以狂野和奔放，使用一堆顏色和引人注目的植物。另一方面，如果你想要你家的樣板是靈性、寧靜，那麼就在庭院營造冥想的氛圍。種植薰衣草、優雅的藍色風鈴草、美麗的白玫瑰和其他柔和色彩的花卉。不論你投射在庭院的樣板是什麼，它都可以變成能量庭院，讓每個進來的人，只是待在裡面都感到提升、能量充沛。

### 打造你的庭院

打造過程中，要先花時間連結腳下的土之靈。花時間跟每一株帶進庭院的植物相處，感覺它們放在哪裡會最開心，也與其他植物最和諧。把植物種進大地母親的土壤裡時，感謝每一株植物為你家增添美麗和能量。

就像每一個人都有個圖騰動物，我們也有圖騰植物。圖騰植物是讓你僅僅待在旁邊都能感覺良好、健壯的特殊植物（尋找圖騰植物，請見第14章）。

如果你種下自己的圖騰植物以及你家其他成員的植物夥伴，你的整個花園都會變得更加有動力，也更有能量。

### 昆蟲

最好是要以天然、有機的方式，保護你創造的能量環境。對你自己和植物來說，使用有機的方式來控制以你的植物為食的昆蟲。一項管控害蟲的天然方法，就是引進瓢蟲、線蟲或螳螂到你的庭園。此外，種植特定的植物，像是在花圃外圍種植金盞花可以幫助你驅趕害蟲。用天然肥皂噴霧來對付蚜蟲。如果你願意讓昆蟲有自己的小花園，比起使用化學殺蟲劑，它會創造更天然的能量場。

科學研究也發現植物界與昆蟲界之間關係的有趣資訊。有些昆蟲在紫外線才能看見周遭，而花朵也在這光譜下發光，顏色是植物與昆蟲之間的語言。例如，假設一棵植物因為根部缺氧、乾旱、潮濕或是根部腐爛而遭遇逆境，它散發的天然色光會改變。看得見色彩光譜改變的昆蟲，會察覺到這棵特定的植物遭遇逆境因而變得脆弱。「適者生存」的野外法則將弱小動物淘

汰，創造了最大的生命力。這法則在植物界也真實存在。蚜蟲和昆蟲會被遭遇「逆境」的植物吸引，接著將植物吞食殆盡，讓更健康的植物生長出來。榮耀萬物是很重要的事，即便是昆蟲吃了你的植物。如果你還是決定要撲殺吞食你庭院的昆蟲，撲殺時請祝福牠們。

### 室內植物

當你將植物帶入家中，植物就成為了你的能量場和住家能量的一分子。先不論植物透過顏色和提升自然感帶來的鎮靜效果，植物可以為你家帶入正向、振奮的生命力。每一株植物都攜有特定的能量場。例如，蕨類帶有柔軟溫和的發光能量，對於周圍能量場的反應很強烈。仙人掌具有扎根的能量場，可以吸收負面情緒，而不會因此削弱自己的能量。

以下的儀式，你可以用一株有助於維持住家強大能量的室內植物來進行：

1. 決定一株植物當作你的房屋守護植物。
2. 為它取名，或詢問它的名字。名字很重要，因為你正要做的是跟這株植物建立關係。就像每一段關係，認識是連結過程的關鍵。
3. 說一句肯定語，可以是夢想、願望，或者是為住家能量打造的特定意圖。你可以指定一個實體的東西，將這意圖帶入物質次元，像是一顆石頭（可以刻劃的象徵），顯化你渴望的現實。例如，你可能希望你家是一個療癒的地方。找一顆小石頭，透過想像，注入療癒的意圖到石頭裡。
4. 將這個物件埋到土壤裡，埋在表層下就好。如果你希望看得到這個物件，好時時提醒你這個意圖，就放在土壤上。
5. 每一次你為植物澆水，都是再度重申你的意圖。要知道，當你為植物澆水，你就是在滋養你的意圖或夢想。澆水後，有生命的植物就會擴散你的意圖到整個空間。

## 銅的能量

銅是大地母親的另一個偉大工具，可以補充住家能量。銅是新能量的絕佳導體。要補充床的能量，好讓你在睡眠中吸收並整合能量的話，拿銅線盤繞成圓形的線圈，順時針繞七次或十二次。如果你是用細的銅線，那麼你可以用一枝鉛筆來盤繞。線越粗，線圈就要越大。每一個床柱都放一組線圈，並把另一組線圈放在床中央的下方。如果你覺得吸收了太多能量，來不及消化，那麼就用細的線圈，或者在床下放一組線圈就好。要增強銅線圈的效果，就在睡覺時戴著銅項鍊或手鍊。

假如你想要吸引能量到你冥想的空間，你可以用非常精細的銅線，來回繞過天花板或是地毯下方（理想上要同時放在你的上方和下方）。連結的銅線應該要相距一呎左右。

如果你家有一個地方，能量似乎很低頻，將一組線圈放在那個地方。要在你家鋪上一層乙太能量樣板覆蓋住的話，在你家的四個角落（戶外或室內都可以）放四組線圈。假設你在閣樓或是屋頂上方放一組銅線圈，這會是「呼喚」能量進入你家的絕佳方法。

## 召喚土之靈進入你的家

吸引土之靈到你家：

### (1) 榮耀來到你家的「土元素」

祝福那些打造出你家，且來自大地的木材、石頭、磚塊。你可以把雙手放在木牆上，並說：

> 「感謝祢，土之靈。
> 願土元素能量流經，為這個家帶來祝福。」

### (2) 召喚土元素的精微乙太能量

要召喚土元素的精微乙太能量的話，將水晶礦石和植物放在你家各處。

### (3) 呼請土之靈的魔法，充滿住家

意識專注於房屋下方的大地，無論你家離地面多高。呼請土之靈為你家帶來沉著、穩定和療癒。

# 8

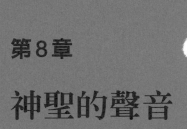

第8章

# 神聖的聲音

禪寺中唯有我的呼吸聲打擾了寂靜。我面對牆壁，覺
察呼吸的節奏。在禪師敲了引磬時，當下脆弱的寧靜
向內爆炸。聲音似乎由內發出振動。我全身上下似乎
與引磬的強烈聲響產生共鳴。牆面消失了，我消失
了。我感覺自己向下沉入，越沉越深。超越形式，超
越時間。引磬的深層共鳴帶領我進入寂靜中心，進入
空無，與萬物合一。

在禪寺中聆聽引磬的經驗，是我一生中最深刻、真實的經驗。引磬的振動帶領我穿越時空，進入另一個現實。鈴響和鑼聲在世界各地的寺院都廣泛使用，因為人們相信鈴和鑼的聲音會帶領你達到頓悟或開悟的境界。聲音不只能引領你潛入不同的次元，聲音還是個強大的工具，能淨化住家能量並召喚療癒能量進入你家。

聲音有兩種層面：可聽聞的聲音和寂音（silent sound）。你能夠聽到的聲音具有力量，可以激發情緒，製造劇烈的物質振動，就像《聖經》中的耶利哥城戰役，聲音能夠「震倒耶利哥城牆」。然而，最具控制力的聲音是你聽不見的聲音。可聽聞的聲音發出聲響時，也產生能量樣板。聲音樣板時時刻刻圍繞著你，即便沒有聲音時也是如此。有些最優美和強大的聲音，會出現在全然的寂靜中。因為聲音是能量，聲音就是振動。無論你有沒有透過耳朵聽見聲音，聲音的能量無所不在。聲音具有顏色、生命力和意識。聲音可以用來打造聖殿，改變住家的音調。聲音不僅能清除並淨化住家能量，還可以加速房屋的振動頻率，讓房屋透過光明及生命來歌唱。聲音不只是能夠影響房屋的分子，還會影響分子之間的空間。你用來淨化住家能量的樂器，會啟動可聽聞的聲音和寂音的樣板。

萬事萬物都有聲音。每一株小草、每一朵雲、每一座山巒，都有自己的聲音，都有自身的振動頻率。你的搖椅、烤麵包機、餐桌，都有自己的聲音。當你使用樂器來清理家中能量，你不只是震碎沉滯的能量；你也透過聲音，調和了每塊板子、釘子、一磚一瓦，以及你家中每一處的高八度音（octaves）。

你家會從你創造的聲音中，吸取為了和諧而需要的聲音。

創造聲音時，不用擔心你不知道書房或沙發的「聲音」是什麼。你家會吸取你創造的聲音，就像植物會汲取為了平衡所需的養分。透過你用樂器創造出來的聲音，你的家和家中物件都會從中吸取振動頻率、和音與音階。

物品就跟人一樣會失去和諧，聲音可以幫助它們回到和諧。有位專業的女裁縫師告訴我，當剪刀掉到地面，就會立刻變得不鋒利。她說剪刀之後有一陣子都怪怪的。我相信掉落的驚嚇讓剪刀失去和諧。我建議女裁縫師在剪刀掉落後，在旁邊敲個鈴，看看刀刃是否有所改善。她說，試過我的方法

後，發現有了立即的變化。

美洲原住民十分瞭解「寂音」的觀念。他們用這技巧「呼喚」動物來獵捕，尋找植物來採收。我的老師叫做「舞羽」，他教導我如何利用「寂音」來「呼喚」動物。他說，每隻動物和每株植物都有自己的聲音頻率。大部分生物和無生物的聲音，無法用人類的聲帶發出，但可以透過我們的能量場來創造。舉例來說，要用「寂音」呼喚公雞的話，先想像一隻公雞。讓意識與想像出來的公雞融合，接著想像或感覺動物的振動頻率和聲音。然後向外投射公雞的「寂音」振動頻率。這會在該處傳送「呼喚」，吸引公雞。這麼做之後，如果公雞開始在你周圍聚集，不用太驚訝。

我相信聲音的能量才剛開始被我們探索而已。聲音的療癒力、作為進入其他次元的入口、轉化能量場，這個領域僅僅處於研究的初期而已。當你利用聲音淨化住家能量，召喚能量到家中，要謹記寂音——謹記那聽不見的聲音。

## 使用聲音淨化房間

利用聲音淨化房間時，你可以使用任何樂器。你可以即興演奏，或創造個人的空間淨化聲音工具。有些原住民文化，會用湯匙敲打鍋碗瓢盆，趕走空間中的「邪靈」（通常指的是沉滯的能量，但也可以延伸為地縛靈）。然後，不論你使用何種工具，從最大、最響亮的聲響開始，再到最小、最精微的聲音。

使用樂器的方式，比你使用哪種樂器更重要。當你用樂器淨化房間，轉換意識，讓你能夠感覺聲音，並變成聲音。你在房間創造聲響時，感受身體內在的聲音振動。想像你由內而外發出聲音，充滿房間。想像你就是樂器，你就是聲音。進入那個你並未與聲音分離的空間、房間或樂器。當你「敲響」房間，成為那個聲音。

房間中的每件物品都有聲音。當你變成聲音，讓自己由內而外散發聲波，而房間內所有的聲音都會開始變得和諧。彷彿你是位指揮家，房間內所有的聲音都在你的指揮下變得和諧。經過調音的房間，就像一首優美的交響

樂，房間內所有的物品都處於和諧的關係。和諧的房間會看起來閃閃發光，閃耀歌唱。

# 搖鈴

我的禪師告訴我，鈴聲會在你聽不到它的聲音後，依然持續共鳴著。他說，當共鳴遍及宇宙，鈴聲會進入永恆。

我很喜歡用搖鈴來淨化能量。可以的話，我都會在工作坊前用搖鈴淨化房間，因為它會在房間留下清澈的能量場。此外，鈴聲響時，不只是會發出聲音振動到空間裡，還會散發美麗的色彩振動。人眼看不見這些色彩，但許多人會在搖鈴淨化後，注意到空間中的顏色變化。看得見氣場的人，常常會看見聲音的顏色。但即便你看不見，你也可以透過你的心和靈魂感應到。

搖鈴長久以來都跟宗教儀式有關。它們起源於亞洲，考古學家發現搖鈴可以追溯至西元前800年，儘管使用搖鈴的時間一定更久遠。以金屬鑄造技巧聞名的塞爾特族，將搖鈴從亞洲帶入歐洲。搖鈴在西元550年引進法國，接著在幾世紀後引進英國。

## 搖鈴的大小

最好要有一系列的搖鈴，從大至小。這樣你就可以從較大、低沉的聲音開始，適合用來擊碎沉滯能量，接著逐步使用更小的搖鈴，將更精細的純淨能量帶入房間。最適合入門的搖鈴套組，應該是外形幾乎一樣，但直徑不同，從七到十公分的大搖鈴，一直到直徑三公分的小搖鈴。

## 搖鈴的種類

當我觀察搖鈴在房間產生的能量，我便注意到金屬材質、搖鈴大小、搖鈴者的能量所造成的變化。有些搖鈴的能量場似乎可以發出舒服又緩慢的能量波，有些則發出類似小型能量波的能量場，深深下降後，又回到小型能量波。有些搖鈴的聲音會先上升，接著突然陡降。有些搖鈴的頻率甚至會捲起。每一個搖鈴都會用不同方式影響空間的能量。

你要用哪種搖鈴，絕對是依個人喜好。要用好的搖鈴淨化房屋，首要步

驟就是感受搖鈴帶給你什麼感覺。使用你喜歡並尊敬的搖鈴，它淨化房屋的速度，會比用世界上最新、最貴的搖鈴還要快。你拿著搖鈴時的情感，會為它注入特別的神聖能量。在你與你喜愛的物品之間，會產生某種神奇力量。我囊括了幾項有關搖鈴種類的建議，但最終決定的因素還是你對它們有什麼樣的感覺。

銀色的搖鈴具有聲音的美好純淨能量，也有非常陰性的特質。它們會召喚月亮的銀色之光能量，非常適合用在陽性能量充沛的住家，或是家中成員很好動、外向，需要花時間才能向內探索內心夢想，探索自我寂靜。銀色搖鈴可以幫忙把魔法和純真帶來家中。某些傳統信仰裡，會送新生兒一個銀色搖鈴，因為銀色搖鈴具有純真和純潔的靈性特質。

東方文明已經認出特定合金的療效很久了。西藏金剛鈴通常是用鐵、銅、錫、銀、鉛、金、鋅這七種基本的金屬製成。我喜歡使用這些搖鈴，因為從西藏金剛鈴散發出來的能量和色光會橫越多重次元。

很難找到實心的黃銅製搖鈴，它可以發出堅實的聲音。然而，如果你找到了優良的黃銅搖鈴，很適合創造「努力去做吧！」的能量。黃銅搖鈴會向外發出閃耀的振動能量，具有外向和陽性的特質。如果住戶太過內向、沉默寡言、停滯不前，黃銅搖鈴就是非常適合使用的一款搖鈴。

青銅搖鈴，例如日本寺院使用的那種，適合帶來扎根的能量。看到青銅搖鈴在空間中帶來的效果，會讓你眼睛為之一亮。它會發散出絲綢般的能量波，穿透房間，接著突然陡降到地面。如果住戶的能量比較輕飄和發散，青銅搖鈴會立刻將沉穩的能量帶入家中。

有些搖鈴，像是教堂使用的那種，是用單一模子鎔鑄合金製成，這種金屬稱為「鑄鐘合金」，含有銅和錫。這個巧合很有趣，多數的教堂鐘都含銅，因為任何含銅的鐘鈴都非常適合用於能量工作。銅會吸引生命能量（參見第112頁）。生命能量會與鐘鈴的聲音振動相互調和，形成強而有力的泛音。如果你要使用能量來工作，或希望提升振動頻率，就使用含銅的搖鈴。

我最喜歡的搖鈴是峇里島的神廟鈴，是用黃銅和22K金製成的。它的聲音很好聽，搖鈴很漂亮，但我這麼愛這個搖鈴的原因，是因為它在鑄造過程中注入了愛與關懷。我的這個搖鈴是由一家鐘鈴鑄造師傅手工打造，他們住

在峇里島一座山的山腰。這些搖鈴通常是為峇里島的神職人員打造的。但我一個住在峇里島的朋友後來跟這一家人變成好友。他們為我製作的搖鈴，絕對符合我的需求，這個搖鈴只能用做神聖用途。鑄造時，極其細心。兩個月的鑄造過程，從規定的吉日（滿月）開始，每一次需要高超技巧的鑄造過程都會供養峇里島的神靈，峇里島人把鐘鈴放上聖壇，確保鐘鈴是「活著的」。最後，在某個吉日，由最受崇敬的峇里島神職人員進行長達一小時的祝聖儀式後，為鐘鈴充滿能量，並奉獻於神聖用途。

我另一個最愛的搖鈴，是來自一位特別的朋友所贈送的禮物，它來自義大利阿西西城的聖方濟修道院。雖然鈴聲並不完美，外觀也不是最美，但我愛它是因為感受到它的靈魂深處乘載了聖方濟和修士們的能量。

可以的話，取得由你認識的人製作的搖鈴，或至少盡可能找出搖鈴的來源。這樣的搖鈴可以為你的空間淨化工具，增添強大的力量。

## 搖鈴的照護方法

搖鈴（以及你所有的空間淨化工具）沒用時，將它們放在特殊的地方。用尊重和愛來對待它們。可以的話，將搖鈴放在高處，以示尊敬（例如放在架子上，而不是放在地板上）。別把它們放進堆滿雜物的櫥櫃，或放在浴室中，或任何你覺得有實際功用、而非靈性用途的地方。如果你將搖鈴帶離家，要用專門的布包起來，這會在運送過程中保護搖鈴，並在使用前隔絕日常物品散發的能量。可以的話，外出時把搖鈴放在專用袋裡。

無論你要不要讓其他人拿你的搖鈴，都依你自己決定。但一定要維持搖鈴振動頻率的純淨，覺得拿取搖鈴的人是心懷善意的。

## 如何使用搖鈴

使用搖鈴有兩種方法，敲鈴或搖鈴。你可以用裡面的鈴舌來搖響鈴聲，或者製作另一個外面的鈴錘。從外面敲鈴，會比起使用裡面的鈴舌，更能控制聲音。但利用鈴舌搖響鈴聲的好處，是能夠在搖鈴時擺動手臂，讓能量流動。另外，利用鈴舌可以創造不間斷的鈴聲，如果你處在大空間或是有很多房間要淨化時，這會是很大的優點。

　　敲鈴時，你可以使用木棒（大型搖鈴可以用木製大湯匙的尾端）。你可以用單純的木棒，或者用皮革裹住薄薄一層。實驗看看不同的敲打棒，因為每一個都會創造出不同的聲音。

　　在一些祕傳信仰裡，如果要用搖鈴做宗教用途，學徒會花上好幾個月的時間學習如何精確持鈴。然而，用你覺得舒服的方式持鈴，好讓你的手指和手腕不會疲勞，這樣就可以了。請輕輕持鈴，手部保持放鬆，而非緊抓搖鈴，肌肉僵硬。

### 如何用搖鈴淨化空間

　　當你第一次使用搖鈴淨化空間，花幾分鐘把搖鈴拿在手中，重新認識它，彷彿你遇到好久不見的朋友一樣。

　　站在你要淨化的空間中央。敲一次鈴，仔細聽聲音。第一道鈴聲會告訴你許多空間能量的資訊。如果空間的能量沉滯，鈴聲聽起來像是悶住一樣。如果房間中有奇怪的能量，鈴聲會聽起來微小又刺耳。你要知道自己的搖鈴有哪些不同的聲音，才能夠辨認它不同的音調以及對於不同能量所產生的反應。開始時，你可能沒辦法偵測到鈴聲之間的差異。但就像品酒師能夠分辨出門外漢嚐起來都一樣的葡萄酒有哪些差異，你經過練習，也能聽見聲音中的細微振動。儘管你不確定自己在做什麼，一邊繞行房間一邊搖鈴，會幫你淨化房間中的能量。

　　走到房間最東邊的角落，拿著你最大的搖鈴。用清楚的動作，敲出清晰明亮的響音。敲響四次，每一次都仔細聆聽聲音。聲音應該要越來越銳利、清晰。如果一開始敲四次後沒有變成這樣，那麼就繼續敲鈴。在敲擊之間停頓一下，直到你聽得出來。

　　即便是在相對乾淨的房間裡，你也會注意到鈴聲之間的差異，儘管差異並不明顯。房間中如果有地方是能量聚集之處，你會在鈴聲之間注意到更明顯的差別，因為聲音會驅散停滯的能量。用清脆、俐落的動作不斷敲鈴或搖鈴，直到聲音變得非常鋒利，並且有清晰的共鳴。

　　淨化完第一個角落，繼續慢慢順時針繞行房間。即便你住在南半球，在多數狀況下，順時針繞行房間似乎最有效。在某些罕見的情況下，逆時針也

有用。如果你在順時針繞行時一直覺得「不對勁」，那就試試逆時針吧。

繞行時，右手持鈴，左手伸出來，用左手感覺房間中的能量場。每個人感應能量差異的方式似乎不同。對有些人來說，能量停滯的區域可能感覺起來很黏膩，另一些人對這些地方的感覺可能是模糊不清的。有些人則會感到寒冷，手臂甚至會起一陣冷顫。你可能會需要實驗看看，你用什麼方式感應停滯能量與乾淨能量的差別。

繞行房間時，繼續敲鈴，直到房間每一處都發出清晰的響音。有些地方可能會比其他地方來得沉悶。當你在房間來回移動，你應該會逐漸感覺房間內越來越清晰明亮。通常繞行房間進入尾聲時，敲鈴的次數會比剛開始來得少。如果你遇到感覺停滯的區塊，就停下腳步，敲鈴，直到你敲出清晰、清楚的聲音。繼續繞行整個房間，直到你回到一開始的地方。

通常，我不只是在角落發現停滯的能量，也會在電源插座和電器設備周圍發現。相信你的直覺，帶領你到需要搖鈴的地方。如果你不確定要不要搖鈴，那麼務必要搖。你的不確定感通常反映出內在的知曉。

在用過大搖鈴後，接著繼續繞行房間，使用更小的搖鈴。每一次都仔細聆聽鈴聲，直到你聽見非常清楚、清晰的聲音。這代表空間中的能量正在自由流動。每一次搖鈴，你都在修正空間中的能量。你可以透過小搖鈴或小鈴噹，甚或是「德魯伊球」（druid ball）作結。德魯伊球是一顆圓形球體，外觀通常是銀色的，搖晃時會產生天籟般優美的聲音。它們的聲音宛若天仙。完成空間淨化時，你要創造美好、和諧的能量。

有些搖鈴的特色，是你可以讓它們「唱歌」。取一截平滑的木頭，當你用它在搖鈴表面滑過時，會振動出很純淨的聲音。許多西藏金剛鈴有這樣的用途。你在淨化房間時，可以用同樣的方法讓搖鈴「唱歌」。

當你「敲響房間」時，打開窗戶是很重要的。儘管你不用真的這樣做，讓停滯的能量得以釋放；但對你的潛意識心智來說，一扇打開的窗戶是個重要的象徵，讓你可以真的感覺到沉滯能量流出窗外。

完成繞行房間的最後一圈後，回到你一開始的位置，用手畫一個巨大的無限符號∞（對著角落伸出手在空中橫畫數字8），這是要關閉圓圈。你從最東邊的角落開始繞圓，現在你透過連結初始與結尾關閉圓圈。

## 鑼

　　鑼有兩種。一種是金屬鍛造的打擊樂器，形狀是圓形的金屬平面，立掛在鑼架上。另一種也是金屬鍛造，不過造形像碗。大部分的鑼都是中國製，雖然歐洲也開始製作一些扁平的鑼。

### 敲鑼

　　鑼可以發出震天巨響。它們的音調多變，從低頻的振動，好似從地心深處發出；到特別的風鑼，可以發出宛如熠熠星塵的聲音。鑼會因為音鎚的不同，而發出豐富的聲音變化。大多數的音鎚都是由橡膠或木頭製成，裹上布料、毛氈或羊皮。

　　用鑼淨化空間，有兩種方式。其中一項方法就是用上述搖鈴的同樣方法，繞行房間周圍，持著鑼，敲響鑼聲。但因為鑼的重量可能不好攜帶，如果你要用這種方法，建議你選用直徑四十公分以下的鑼。

　　第二項方法就是把鑼放在房間中央，鑼的力量很強大，可以從房間中央進行一切你要做的淨化工作，因為鑼聲會深入每一道空隙。越大的鑼，就越有卓越的成效。敲響大型的鑼時，整棟建築物似乎都在振動。

　　如果要從鑼獲得最大的振動能量，先非常輕柔的敲擊外圍。這樣做時，你會感覺振動開始累積。漸漸往內敲，直到整面鑼發出共鳴；最後在鑼中央敲下。讓你的頭腦安靜下來，鑼的共振充滿了你和整個房間。

　　你可以用跟搖鈴一樣的方式，從最大、最低沉的聲音開始，再到最輕柔、精微的聲響，淨化完整個房間。最後，用無限符號∞作結。

### 碗鑼

　　你可以用碗鑼，方法和搖鈴和敲鑼類似。如果你使用的碗鑼太重，不好攜帶，敲擊時要放在地板中央，就跟第二種敲鑼的方法一樣。如果使用的是小型碗鑼，在繞行房間淨化時，可以左手托著碗鑼，右手敲擊。

　　沿著手持碗鑼的邊緣敲擊，繞行房間。走到有滯礙能量的區域時，敲擊碗鑼，發出聲響時，水平或垂直移動整個碗鑼，這會加強聲音的力量。繞行

結束後，記得要用無限符號∞為儀式作結。

我把許多碗鑼放在家中看得到的地方，家人經過時就可以敲擊。這偶然的聲音振動頻率，會持續淨化空間，補充能量。

## 音叉

房間中的厚重能量被清除後，可以用音叉發出非常精細的能量音調。它們也可以在淨化房間前，用來做個人的事前準備。

如果要在淨化前使用音叉調整你的能量，用一隻手輕輕拿著音叉，穩穩的敲擊另一隻手的手心。當音叉振動時，把音叉放在你臉部前方，慢慢的以弧線從左耳移到右耳。接著把手放下來，指向地面，維持一秒鐘。接著手臂高舉，指向上空，維持一秒鐘。接著再回到臉部前方，從左耳移到右耳。用音叉做這個練習，聲音會開始調整你的精微能量場。

只能在你已經淨化了大部分的厚重能量後，才可以用音叉淨化房間。音叉可以精密的調整房間中的乙太能量，這是因為它們有精密細緻的特性。

## 頌缽

頌缽是碗狀的樂器，用音鎚從內部邊緣（或外部邊緣）敲擊，創造逐漸密集又大量的音調。雖然有些頌缽是用矽砂做出的水晶缽，但頌缽通常由金屬製成，不是來自西藏就是尼泊爾。頌缽產生的能量場非常驚人，聲音會從頌缽開始向外螺旋，產生越來越大的漣漪，同時又會迴旋至頌缽的中心。

頌缽沒辦法在淨化時拿著到處走，因為它們必須要靜置不動才可以發出最大的音量。這些樂器發出的迴旋能量會創造神聖的螺旋，吸引大量的宇宙能量湧入你家。當頌缽的中心「呼喚」乙太光能進入家中，負面能量和滯礙能量會被不斷擴散的迴旋帶走。頌缽是少數能夠同時淨化、又召喚能量的樂器。

## 風鈴

如果要在你家周圍創造保護能量，就一定要邀請風之靈。你可以把風鈴掛在房子周圍。風鈴會創造圓形的聲音能量，即便沒有響起，也非常具有保

護和療癒力。

　　你也可以將風鈴掛在室內（參見第190和200頁），放在某個地方，偶然輕輕一撥就會帶來優美的鈴聲。我家有個電子風鈴，設定會發出鈴聲的時間，不時就像一股輕柔微風吹進我家的客廳。

　　要非常精細的調整房間能量，你可能要使用標準的風鈴，直直一串的那種。它的聲音宛如天籟，神祕縹緲。記得按順序，從最低沉的音調，敲到最高的音調。

## 鼓

　　鼓帶著大地母親的心跳，具有生命之靈。有一句卻洛奇族的古老諺語：「太陽和月亮是敲擊地球的鼓棒，為大地的子民帶來和諧與祥和。」

　　從古至今，居住在地球上每個角落的人類文化都會用鼓。因為鼓的功用能夠轉變和同步群體意識，鼓被用於多種文化用途。鼓會激勵戰士去打仗，引領門徒進入儀式的深層神入狀態。宗教儀式和世間娛樂都會用到鼓。

　　幾乎每個信仰大地的文化中，敲擊鼓聲或是敲擊兩支木棒，都是用來淨化能量，這有兩個原因。第一，有節奏的鼓聲能夠讓薩滿進入轉換的意識狀態。鼓聲的確會轉換腦波，這已經有科學研究證實過了。鼓聲會讓薩滿進入轉換後的意識狀態，連結直覺、造物主、大靈和祖靈。在轉換的意識狀態中，他們可以在淨化房間或空間時，聽見接收到的建議。

　　薩滿使用鼓來淨化空間的第二個原因，是因為擊鼓的振動強而有力，可以立即讓能量流動。鼓聲能淨化有害的能量，當它們呼喚了「善靈」時，也會清除不想要的能量或「邪靈」。鼓聲可以驅散也可以召喚能量。它們會帶你飛升至星辰，也會帶你回到自己的根基。

　　鼓本身是陰性能量，而鼓棒是陽性能量。當你將兩者以節奏結合，你使宇宙中兩個對立又和諧的能量（也就是陰和陽）開始協調。每一次的鼓聲，你都在協調內在的陽性和陰性能量，以及住家、宇宙中的陽性和陰性能量。這就是鼓的藥之道。鼓是力量之圓，可以強力而迅速的重新校準你家的能量。

　　原住民文化認為鼓是神聖的物品，鼓是「活的」，具有意識和靈魂。任

何人未經許可，就觸摸薩滿的鼓，會遭遇不幸。阿帕契巫士告訴我，在他古老的傳統信仰中，如果未經同意就去觸摸鼓，冒犯者會賠上性命。

我待在非洲的祖魯族部落時，我問過祖魯族是不是也有類似的傳統信仰。一位祖魯族最神聖的薩滿科瑞多・穆特瓦（Credo Mutwa）告訴我，古老傳統會殺死任何碰到薩滿的鼓的人，但現在他們只會向冒犯者索取兩百元（譯註：約新台幣五百元左右）。他跟我說，當鼓的主人死去，他的鼓就會被「捅破、殺死，然後宣告死亡，接著埋在神聖之處，也就是鼓的墓地」。這些傳統說明了鼓被賦予的力量和敬畏。

每一面鼓都有自己的特質，跟其他鼓的感覺也十分不同。有些鼓很內斂、專注，有些則外向、熱情。祖魯族相信鼓一「出生」時就分男女，它們也應在最祥和的條件下製作，這樣擊鼓時才會傳遞出和平的唯一能量。

有時候我擊鼓時，感覺時間似乎靜止了，好似我能夠觸及過去，也連結未來。色彩振動著，生命力從我的毛細孔湧出，能量從我內在甦醒，提醒我古老的諾言以及未來的成就。拿著我的鼓，彷彿有了家的感覺。

## 鼓的種類

製作鼓的材質和方法，在世界各地都不同。在澳洲的美拉尼西亞（Melanesia），製鼓者會爬上一棵樹，處理木材來製鼓，一直到製作完畢之前，都會待在樹上。非洲的班亞安科萊人（Banyankole）每天都會供養鼓。人稱「鼓之妻」的女性，會到神聖的母牛群擠奶，在清晨把牛奶帶到「鼓之屋」（鼓也有自己的特別場所），把牛奶留在屋外，直到九點、十點左右，據說鼓靈這時已經汲取了牛奶的精華。

鼓常常用動物皮製作，綁在木材上；也會用中空的木材製作，在鼓的邊緣擂鼓；或者掛在樹上，用鼓棒敲擊。中國的孔廟有一面大約一百八十公分寬的大鼓。在希臘的酒神儀式裡，女人會用小型的手持框鼓，對著月亮敲擊。有些鼓只有一面，有些則有兩面，會創造出雙倍的振動。製鼓的材料會根據手邊的材料而有所不同。

現今，用來淨化空間而且最常見的鼓就是手持框鼓。最典型的框鼓來自美洲原住民文化，把動物皮在圓形的木圈上撐開。然而，任何種類的鼓都可

以用來淨化空間。

### 擊鼓的方法

擊鼓前，把鼓貼近自己，讓意識擴展到鼓中。用手緩慢繞圓摩擦鼓面，跟它打招呼。每一面鼓都有自己的名字，所以你可以在心中詢問鼓的名字。北美的印第安歐及布威族（Ojibwa）會向鼓表達尊敬，稱呼它為「祖父」，所以如果你的鼓沒有名字，你可以用尊敬的稱謂跟鼓打招呼，例如祖母或祖父。

跟鼓打完招呼後，保持靜默，讓能量在體內累積。當你感覺能量到達高峰時，讓這能量透過大聲的喊叫釋放出來。這自發性的聲音會呼喚大靈。你正在呼請大靈，協助你進行淨化。接著，你可以開始擊鼓了，拿鼓棒的那隻手要保持放鬆。手腕要靈活，動作才會透過手腕敲擊，而不是用整隻手臂。長時間用整隻手臂的話，會非常累。

不同的鼓聲都有不同的用途。一開始的鼓聲最好聽起來像心跳，也就是兩拍的節奏，也許因為這是最接近人類的原始聲音，是你在子宮裡聽到的第一個聲音。這個聲音是宇宙中相互對立卻又和諧、校準且平衡的力量，也就是陰和陽（男性與女性）。

開始以兩拍節奏擊鼓後，讓你的呼吸更為深沉，讓你的身體放鬆，最後會到達一個點，內在的能量或感受開始接管一切。因此，與其決定要用哪種節奏擊鼓，不如讓鼓告訴你需要哪種鼓聲。每個空間都有不同能量，都會呼請不同的鼓聲節奏。你會發現，淨化浴室的能量時，你的鼓聲會又快又精微；而當你踏入臥室，鼓聲會變成緩慢的三拍節奏。信任你的直覺。你甚至也會感覺自己正在被敲擊，因為節奏會從體內湧現。最好的擊鼓方式就是跳脫意識，讓你自己就像鼓一般的被敲擊——讓自然的鼓聲穿透你。如果你的身體有任何部位或任何情緒堵塞或卡住，那麼鼓聲不只能淨化空間，還能清理你的能量。你越不去思考哪種鼓聲才正確，你就越能讓宇宙湧出的節奏穿透你（關於使用鼓來淨化空間的細節步驟，請參見第238—240頁）。

當你用鼓淨化完空間後，空間會變得乾淨，再用開始時的方式結束儀式。再一次讓你的能量累積，直到你覺得自己再也無法承受，接著由內而外

發出大聲的喊叫，這是感謝大靈協助你的方式。我是向一位住在大峽谷的印第安哈瓦蘇派族（Havsupai）學到這項技巧，也就是朝著天空大喊，用來開始和結束儀式。他說，這並不是他們族人的傳統方式，而是他自己在一次靈視追尋（Vision Quest）中出現的。他告訴我，當他一碰到自己的鼓，「一股祝福的感覺充滿我，讓我進入靈性的領域。」經過他的允許，我將他的技巧納入我的教導，因為這技巧非常具有力量。

如果空間中的能量非常堵塞，鼓是非常適合使用的樂器。鼓聲可以快速擊碎阻塞的能量。使用搖鈴和薰香很適合更精微的能量，但如果你需要淨化殘存阻塞能量的空間，鼓是最有效的工具。鼓聲也很適合清理情緒。如果房間中有情緒電荷被釋放出來，或是有憤怒和極度的哀傷，甚至如果房子內發生過死亡或疾病的事件，鼓就會是最強大的工具，用來清理空間中的情緒能量。

### 鼓的照護方法

獸皮製的鼓，會因為空氣中的濕度、溫度和存放地點的能量而改變音色。鼓面會在一天中熱脹冷縮，產生不同的音色。有時候，你甚至會聽到鼓膨脹和收縮的聲音。許多人都說，他們的鼓會跟他們對話。如果天氣潮濕，鼓突然發出砰的一聲，你可以把鼓拿到光源附近，暖和你的鼓（有些現代印第安人甚至會用吹風機）。如果當天特別乾燥，你的鼓聲可能聽起來會很尖細。輕輕在鼓面噴灑一點水，通常就能調整聲音，因為濕氣會擴張鼓面。

將你的鼓放在榮耀的地方，通常建議把鼓掛在牆上，不建議把鼓面朝下擺在地上，因為這樣對鼓並不尊重。當你帶著鼓外出時，最好有一個裝鼓的特別袋子，或是用專門的布包住鼓。如果你的鼓是用於儀式用途，最好不要用同樣的鼓演奏流行音樂或是在派對敲擊。

## 沙鈴

沙鈴可以在你使用鼓聲淨化空間時作為補充工具。一開始淨化房間時先使用鼓，接著用沙鈴作為儀的結尾（方法請參見第241—243頁）。

沙鈴有非常平靜的聲音，會創造柔和的能量場。非常適合在空間淨化

後，「封存」房間的能量。就像鼓聲一樣，沙鈴的聲音也被證明能夠轉換腦波。沙鈴可以讓人進入非常深層的放鬆狀態。母親用沙鈴讓嬰兒平靜下來，絕非巧合。

### 沙鈴的種類

沙鈴跟鼓一樣有許多外形和形式，可以是乾燥的葫蘆裡放入種子搖晃，可以是由一片片皮革縫製成一顆球體，裡面放入小卵石、沙粒或是中空的木頭。沙鈴也可以用鹿蹄或中空的豆莢製成，像葡萄一樣串在一起，互相敲擊。也許是因為我的美洲原住民血統，我喜歡使用美洲原住民的沙鈴淨化空間，不過任何種類的沙鈴都適用。

### 搖響沙鈴的方法

先祝福你的沙鈴。獻上一些玉米粉或菸草，給天地四方和大靈。方法是拿一個小碗裝玉米粉或菸草，再拿另一個碗裝祝福過的供品。如果你是用玉米粉，用三隻手指抓一小撮，拿到嘴邊，輕輕吹一口氣。接著，捏著玉米粉朝東邊請求東方之靈的祝福。四個方位都要這麼做。結束時，抓一小撮玉米粉，對它們吹氣，放到胸口中央，請求大靈的祝福。接著拿起你的沙鈴，在四個方位和你身邊搖響它。把玉米粉放在房間中央，當作禮物，獻給回應你邀請的神靈（更多資訊詳見第16章）。

搖沙鈴時，手腕要十分放鬆，用放鬆的手拿沙鈴。我建議以每分鐘兩百下的節奏搖響，這是非常急速的拍子。為了擊碎能量，把沙鈴拿到眼睛的高度，快速得就像啄木鳥一樣搖響。持續搖響，直到你把那個地方的能量變得輕盈。你的手應該要晃動得非常快速，以至於無法聚焦在手指上。如果你想要封存淨化過的房間能量，走到進入房間的那扇門（或很多扇門），站在淨化過的房間門外，像啄木鳥一樣快速搖響沙鈴；要從門的上方往下搖響，彷彿你把門的拉鍊拉上。

## 敲擊棍

世界上的許多原住民文化都有敲擊棍（clap sticks）的蹤影，雖然它

們或許與澳洲原住民最有關聯。它們的使用方式就跟鼓和沙鈴一樣。敲擊棍（有時稱為敲敲棍），是由兩根長二十到三十公分、直徑三公分的木棍組成。敲擊時，會發生優美銳利的聲音。敲擊棍的每一個位置，都會發出不同聲音和不同能量。我很喜歡使用敲擊棍，因為它們會請來樹靈，協助你淨化能量（樹的相關資訊請見第7章）。你可以透過敲擊棍引導能量。當你在家中發現沉滯的能量，用其中一根棍子敲擊另一根，由上往下敲。敲到最後一下後，往你要引導能量流通的方向輕彈一下。

## 拍手

拍手鼓掌會驅散能量。回想你在欣賞精采表演的時候，還記得觀眾何時鼓掌嗎？通常是在表演的能量開始消散的時機。據說在中國古代，藝術家表演完後，沒有人會鼓掌，因為他們知道鼓掌會驅散表演者創造的能量，所以觀眾會安靜離場，可以帶走表演的能量。

如果手邊沒有任何可取得的工具，我就會用拍手淨化空間能量，這是非常有效的方法。當你開始「拍擊空間」，先在一開始的角落拍幾下。確保你的身體保持放鬆，雙腿微微打開，膝蓋微彎。用小聲快速的掌聲探測能量，再用大聲大力的掌聲清除能量。掌聲應該要清楚、清脆、乾淨。如果你的掌聲悶悶的，或模糊不清，通常代表那個地方的能量有所停滯。驅散沉滯能量的方法，就是從地板一路往上拍到天花板，每拍一下都張開雙臂。由下往天花板拍手，就是在提升空間能量。

繼續在房間走動，掌聲輕拍，直到你走到讓你感覺能量有所阻塞的下一個角落或下一個地方。如果房間中的物品放在錯誤的地方，你可能會發現在附近拍手的掌聲是悶悶的，這不一定表示那個物品有負面能量，可能只是放錯位置而已。試試把東西移到房間另一處，接著再拍一次手，你可能會發現能量就變乾淨了。

## 發聲

發聲的意思是指用你自己的聲音力量啟動能量流，就是發出一個音調，維持一段時間。每個人都可以發聲。你不需要接受聲樂訓練，如果你會講

話，你就會發聲。

　　發聲的方法是先向內探索，找到自己與生俱來的聲音，這些聲音具有力量。要找到自己的聲音，就要先徹底放鬆。左右搖晃全身，跳上跳下。讓你的身體像布娃娃一樣放鬆。張開嘴巴，打個哈欠。放鬆下巴的肌肉，左右轉動。

　　做幾次深呼吸，讓自己靜下來。想像你深入內在，直到你找到自己的聲音。你絕對有聲音。事實上，你的體內有許多聲音振動。所有的生物和無生物都有聲音。我們每一個人都有核心聲音，在這聲音中有無數的振動。每個振動都有獨特的力量。學會使用自己的音調，就能在生活中揮灑魔法。

　　你可以先發出「啊」或「喔」的音，或是任何母音。讓下巴保持放鬆和舒適。確保你的身體非常放鬆，想像你的呼吸進入腹部，而非停留在胸腔。你第一個反應可能是，「喔，不！這個聲音不好聽。」沒有關係，繼續讓聲音出來就對了。讓自己願意發出任何聲音，不帶批判，無論聲音優美與否。一旦你習慣了發聲，你已經準備好運用自己的聲音淨化房間的能量了。

　　先走到你要淨化的房間，走到最東邊的角落，靜下心，運用想像力，感應那個地方的聲音是什麼。你現在可能會說：「我怎麼會知道房間那個地方的聲音是什麼？」如果你非常不確定，對自己說：「好吧，我知道我不知道。但如果我知道的話，這裡的聲音是什麼呢？」問了自己這個問題後，開始傾聽內在。想像你可以聽見那個地方的聲音或音調振動。接著，找到並連結那個地方的「聲音」，向內關照，找到自己的聲音。開始發聲。注意你的個人聲音和那個地方的聲音開始融合。你越不用大腦思考，過程就越簡單，它會是令人興奮的體驗。你可能甚至開始「看到」跟你發出的聲音有關的色彩了。

　　繼續發聲，直到你感覺到一股清明和力量注入你。在房間移動，繼續發出聲音。你會知道哪個地方的能量很乾淨，因為你發出來的聲音聽起來很乾淨，宛如源源不絕的泉水（如果你接受過「泛音」的訓練，這也是淨化空間的強效方法）。

　　發聲時，在房間走動，從房間的邊緣開始，接著以越來越小的圓形軌道移動（當然，假設房間中有障礙物，你也可以調整你的路線）。這會是非常

緩慢的靜心。常常，你會注意到，進入房間裡有沉滯能量的區域，你可以感覺音色變了，可能變得較不清楚、不太振動。所以你需要多花點時間淨化那一區。除此之外，繼續以向內迴旋的路線移動。繼續繞行，直到你走到最接近房間中央的地點。抵達房間中央後，繼續發聲，直到你發現音調振動至房間中所有的角落，充滿空間每一處。對你和空間來說，這都會是非常神聖的經驗。

## 唱誦

　　對房間唱誦的方法，跟對房間發聲差不多，不過除了發聲之外，你也可以唱誦「真言」（mantra）。真言可以是複誦神聖的字詞，或是神的名稱，甚至只是單調的複誦「和平」這類字眼，或是你自己的名字。十九世紀的英國詩人丁尼生（Alfred Lord）常常唱誦真言。他曾在信中寫道：「這是一種行走的神入狀態——恕我找不到更好的詞彙——我獨自一人時常常有這樣的經驗，是從童年開始吧。我複誦默念自己的名字時，這件事情發生了，就在一瞬間……我的個體本身似乎消融了，流逝到無邊無盡裡，這並非迷糊的狀態，而是清醒的狀態，我非常肯定，文字難以形容。」

　　一個很棒、也常常被使用的真言，就是梵語的「嗡」。我常常發現用梵語或其他外語吟唱，會比使用自己的母語來得好。這是因為我們對自己母語中的許多字有情感依戀，而我們最好要在吟唱時盡可能拋開任何負擔。舉例來說，我們每一次聽到英文的「和平」（peace）這個字時，可能會產生很多言外之意（不是所有的言外之意都很正面。例如，「痛罵一頓。」（I gave him a "piece" of my mind，譯註：peace 和 piece 同音）。這樣的情況會讓我們在潛意識上有其他聯想。

## 其他淨化房屋的聲音

### 歌唱

　　唱歌具有強大的振動能量，足以震破玻璃。要對著空間歌唱的話，請遵照唱誦的步驟。唱出感動你的聲音。唱出為你注入喜悅和力量的聲音，「歌

唱空間」時，你也會由內而外散發喜悅和力量。

### 嘎嘎聲

嘎嘎聲是玩具或工具發出的吱吱嘎嘎聲音。如果住戶太過嚴肅，而氣氛需要輕鬆一點，就用嘎嘎聲為空間置入幽默的能量。

### 笛

笛聲可以為空間帶來清晰的能量。比起擊碎阻塞能量，笛樂更適合召喚能量到空間裡。即便你對音樂沒興趣，你也可以買一枝很便宜的竹笛，練習吹奏，直到你能夠發出清楚的曲調。

### 音樂

現場演出或錄好的音樂，都能夠大幅影響空間能量。要為空間帶來鎮靜效果，就選擇舒伯特的《聖母頌》、帕海貝爾的《卡農》，或是巴哈和義大利作曲家阿爾比諾尼的任何音樂，都很適合。笛樂非常棒。要帶入孩童般純真的能量，適合使用兒童的搖籃曲。至於創造力、生命力、力量，非洲鼓樂會非常適合。要呼請強大又活潑的靈性能量，就適合使用「格雷果聖歌」（Gregorian chant）。

音樂是極個人的喜好，因此選擇調和空間能量的音樂時，找出你想要在空間創造的氛圍。對於一般的空間調音，你可以連續播放音樂。先播放激勵的古典進行曲，接著播放振奮又舒緩的音樂（巴洛克音樂是個好選擇），最後以柔和、有氣氛的新時代音樂作結尾。

9

第9章

家的神祕符文和
祕數

　　家中的象徵符號擁有自己的生命和靈魂，而且會不斷影響家中的能量場。你可以利用周遭符號的力量，直接改變人生。

　　從有人類以來，符號就是我們理解和連結這個世界的重要依據。人類的歷史中，符號長久以來的用途就是利用並集中周遭的神祕力量，而人類會使用並尊敬符號的力量。從最古老的洞穴壁畫開始，到埃及象形文字，再到大衛星（又稱六芒星），符號賦予周遭神祕力量的意義。我們透過符號的意義，提煉自己的意圖。古代文化裡，對於住戶的身心安穩來說，在家中使用符號非常重要。

　　儘管特定符號在時代裡會根據文化和流行而演變，有些符號在變遷中卻維持不變。這些符號有自己的力量。不只是特定符號的外形會影響能量流，上百年來的使用也會增強它在乙太層面的力量。舉例來說，符號的特定形狀有自己的力量，像是圓形代表整體和完整；除此之外，每當有人畫一個圓，抱持著完整和整體的想法，這會補充「圓」在乙太層面的能量。每一次你在儀式中畫一個圓，你不只是在呼請圓形的力量，更是在汲取集體意識的力量。

　　符號的運作方式有兩種。第一，我們透過符號集中或投射你的能量。第二，符號可以用來當作能量的放大器和傳送器，即使你沒有意識到符號時，也是如此。符號也有自己的生命力。它們是小型的傳送點，傳送瀰漫在我們實相世界中的精微能量。每一個符號都與你的能量場互動，不斷製造增強你能量的生命力場。

　　如果要為你家注入符號的力量，你可以在紙上畫一個符號，用絲布把紙包起來，塞進某個地方，像是床下或是五斗櫃裡。你可以在牆壁畫上符號，或是擁有一個符號的雕像或實體結構。舉例來說，我的書桌上有一個黃銅的埃及「生命之鑰 ♀」（象徵源源不絕的生命力）。

　　符號的另一個迷人面向就是麥田圈的出現。這些特殊外觀的符號，似乎激起許多人深處的記憶。雖然有些麥田圈符號被證實是騙局，但有些也有壓倒性的證據顯示這些符號並沒有經過人為操作。為了幫助啟動內在密碼，有些人會把麥田圈的符號畫下來，放在家中。當你畫好或取得住家符號後，最重要的是要祝聖它們。金屬材質的符號，可以拿來過火或是浸泡在乾淨、

「充電」過的水裡。紙質的符號，可以拿到風中，或是使用薰香。祝聖符號時，一定要大聲宣告你的意圖。

以下簡單列舉幾個符號，概述這些符號的一些意義。

○　圓形

圓形是最有力量的符號，代表永恆、完成、合一、宇宙、整體、完美、偉大的奧祕。所有的美洲原住民文化中都有圓形的蹤影。因為他們相信生命是循環的過程，而非一條直線。世界的力量也是以圓形呈現。又大又圓的太陽，以龐大的圓形軌道東升西落，月亮也是如此。人類的力量來自於生命的神聖循環，代表了誕生、死亡、重生。

△　三角形

三角形擁有金字塔的力量。三角形與身、心、靈有關；與母親、父親、孩兒有關；與過去、現在、未來有關；與三位一體有關。連結大靈和提升到更高領域，三角形是主動積極的符號。兩個三角形——正三角上疊了倒三角——會形成六芒星（✡又稱所羅門王符印），是組成人類靈魂的象徵。三角形有保護的力量。

□　正方形

正方形象徵風、水、火、土四大元素，以及東西南北四大方位。正方形象徵穩固、力量，以及四大季節。三角形（代表三元數字）是主動、活力（或純潔靈魂）的能量，正方形（代表四元數字）象徵物質世界。對埃及人來說，正方形象徵成就。如果你渴望住家變成繁榮、豐盛、成就的樣板，就適用正方形。

十　十字架

十字架的象徵出現在基督教更早之前，也許是世界上最古老的驅邪符號。十字架象徵永生、重生以及遠離邪靈的神聖保護。十字架也象徵耶穌

基督。

### ☆ 五芒星

五芒星象徵人類身體，每一個角都象徵身體每一個端點——頭部、兩隻手和兩隻腳，組成了五芒星的每一個角。五芒星用來保護。單角朝上的正五芒星，會召喚善的能量。

### ∞ 無限符號

無限符號看起來像是橫放的數字8。這個符號非常有力量，也象徵無限，可以用在家中。有一次我散步完回到家，發現我的家充飽了正面能量。我立即感到精力充沛，事實上有點興奮。我問了拜訪我家的女性客人是否發現了這件事。她解釋道，就在我返家不久前，她經過房子，用雙手在空中畫了無限符號。整個家的能量變化太明顯了！

符號的意義會在不同文化中大幅改變，也會在不同歷史過程中演變。舉例來說，「卐」是個古老的符號，對於美洲原住民來說很神聖，也在古維京、塞爾特、阿茲提克遺跡出現，世界各地其他的古文明也都有蹤跡。這個強大又美麗的古老符號，現在對於許多人來說，卻代表恐懼和苦難（譯註：納粹標誌），也因此難以使用這個符號。

為了要完全啟動家中的符號力量，一定要花時間觀想它們的形狀，同時要專注於使用符號的意圖上。用這種方式與符號連結，能讓你變成一個管道，符號的力量和能量可以流經你，補充和提升整個家以及你生命的能量。一旦你啟動了住家符號，你不需要一直觀想著那個符號，因為它們會持續散發能量和力量。

## 家的符文

在你的生命中，你會發現自己被許多有個人重要意義的符號吸引。這些符號可能在夢裡出現，或許你常常在生活周遭看見它們。這個吸引力是你潛

意識的重要線索，對你來說，這些符號有重要的意義。如果特定符號會讓你感受到希望、力量、喜悅、勇氣，或是你希望在生命中發展的其他情緒，那麼在家中使用這類符號就是實現這點的強效方法。你不一定要完全理解這個符號對你的重要意義，只要了解這個符號給你的感受就好，並將它冥想的性質納入你家的物質層面。

## 祕數學

象徵上，數字不只是量化的表現，每一個數字都有各自的靈性力量。了解數字，對於住家能量蘊含的意義很重要，因為你家的地址祕數學會影響整間房子的能量。

本質上，數字就是符號。每一個數字都有其靈性本質和功效。我們不太確定祕數學是從哪裡開始，但研究結果可以追溯至幾千年前。古馬雅人以使用祕數學的技藝而聞名，美索不達米亞人也是，他們創始了用數字解釋宇宙結構的觀念。卡巴拉（Cabbala）──理解宇宙觀的古猶太教神祕系統──記載了神用字母和數字創造宇宙。許多人相信埃及和墨西哥金字塔建築體和結構裡，藏有祕數學的奧祕。

### 畢達哥拉斯

畢達哥拉斯（Pythagoras）是希臘哲學家、形上學家、數學家，他在西元前六世紀追尋數字的神祕意義。他不只尊崇數字的運算功能，他也相信每一個數字都有其神祕的意義。畢達哥拉斯認為，數字展現了宇宙的基本法則。他表示：「要不是數字和它的本質，存在的萬物不會彼此了解，不論是萬物本身，或是與其他事物的關係都是如此。你可以在人的行為和思想中，觀察到數字的力量。」

過了一個又一個世紀後，畢達哥拉斯留下的奧祕從大師傳給學生。當學生成為大師，他就會將這奧祕授予新的門徒，把這個傳統延續下來。大部分有神祕信仰的文化，都尊崇數字的象徵學說。有些名人，例如拿破崙，據說會用祕數學評鑑他的資深軍官。

## 家的數字

三十五年來，祕數學一直幫我決定要租哪一間公寓或房子。事實上，我太重視我家的祕數學，以至於有時候祕數學變成是決定搬家的唯一決定性因素。舉例來說，在遭遇財務困難時，我會搬進8的房子。當我想要花時間獨自修行，就會尋找有7的振動能量的房子。我是從祖母那裡學會祕數學，她是一位占星師。因為她，我才了解數字的力量。她接受過玄學家曼利・霍爾（Manly Hall）的訓練，他帶領我祖母深入了解數字的神祕力量。

有客戶向我詢問要買或租一間新房時，我做的第一件事就是計算那間房子的數字，看看那個數字的振動是否與我的個案能量達到和諧。例如，有位年輕的職業女性來找我諮詢，她的生活充滿壓力，抱怨自己總是很忙碌，想要感受寧靜的生活。我問她從何時開始出現壓力，她回答我剛好是在搬進她家不久。我計算了她家的數字，發現房子是5的振動能量。5是活動和移動的能量，如果你想要住家完全寧靜，住在5的話就會出現困難（不過5的房子非常適合刺激和冒險，沒有人會在5的房子裡停滯）。

當然，還是有許多因素會影響住家的能量，但房屋的數字顯然很重要。我原本可以用很多方法轉變這位女性客戶的住家能量，但當她說她準備要搬家後，我們就把焦點放在她未來的新家選項屬於哪一個數字。她要我思考的第一間屋子也是5。這對一個想要逃離忙碌生活，希望家中是避風港的人來說，是完全錯誤的數字。她詢問我的第二間屋子是6，這間完全適合她。6的振動能量適合家庭及和諧。她採納了我的建議，搬進了6的房子，後來告訴我，她比過去幾年來還要放鬆和自在。

另一個故事說明了數字是如何大幅改變住家的能量場。有一戶家庭，我知道他們有第二間房子，是遠離都市生活壓力時的度假地點。一直到最近，他們幾乎把這鄉村小屋當作只限自家私人活動的地方，甚至很少邀請賓客造訪。這間房子的號碼是24，加起來就是6，這是非常私密、和諧的振動能量。

最近，他們在這間隱居所的行為大幅改變了。夫妻兩人都將公事帶去那裡做，週末也花時間處理工作相關的案子。他們的小孩也開始邀請同學來

玩。總之，這原本是非常私人的庇護所，一夕之間幾乎變成了社交和商業的繁忙中心。我的朋友告訴我這件事，我對此困惑不解，聊到後來，才知道這間屋子坐落的小鎮最近開始重新命名街道的號碼。房子的新號碼是221，加起來就是5，是極度社交和服務導向的數字！

## 如何計算你家的數字

要找出你家的數字，從你家地址的數字著手，把它們加總起來。例如，如果你家地址是艾姆街710號，就是7+1+0=8，所以你家就是8。如果總和加起來超過9，那麼就再把兩個數字加起來，直到你計算出0～9。

舉例來說，如果你家地址是大道783號，就會是7+8+3=18，接著將1和8相加，1+8=9，因此大道783號的數字就會是9。

以下是另一個計算住家地址的範例：

橡樹道9295號的數字是7。
9+2+9+5=25
2+5　　 =7

有三個例外情況，可以不用再相加，那就是11、22、33，它們分別有2、4、6的能量，但它們也有自己的振動能量（詳見第148頁）。如果你住在一個街區的公寓裡，而整個街區只有一個街道號碼，但你也有自己的公寓房號（例如你的地址是瓊斯街457號，27號房），你就會同時受到地址號碼和公寓房號影響。不過，影響最大的是你自己的公寓房號。瓊斯街457號的地址的計算方式：4+5+7=16，1+6=7。7是街道地址的振動能量。7是透過自我僻靜和孤獨追尋靈性成長。你的公寓房號是27，簡化後是9（2+7=9）。9的能量振動是為人類貢獻。所以你會發現這間公寓的能量，會透過孤獨的道途和靈性閉關（7），來關心和奉獻他人（9）。

如果你的地址有字母，例如芬恩道328C號，將字母轉換成數字（A=1、B=2、C=3，以此類推）。

　　芬恩道328C號，就會簡化成3+2+8+3(C)=16，1+6=7。以下的表格讓你可以將字母轉成數字：

| A<br>J<br>S | B<br>K<br>T | C<br>L<br>U | D<br>M<br>V | E<br>N<br>W | F<br>O<br>X | G<br>P<br>Y | H<br>Q<br>Z | I<br>R |
|---|---|---|---|---|---|---|---|---|
| 1 | 2 | 3 | 4 | 5 | 6 | 7 | 8 | 9 |

　　如果你家沒有號碼，只有字母，計算每一個字母對應的數字，接著簡化成基本數字。範例：

OWL HOUSE

6 5 3　8 6 3 1 5

(OWL) 6+5+3=14　　(HOUSE) 8+6+3+1+5=23

14+23=37　　3+7=10　　1+0 = 1

OWL HOUSE=1

　　你家的主要數字只是房屋祕數學能量的一部分，就像你的太陽星座只是你完整星盤的其中一環而已。雖然你家的數字已經簡化成5，而這個5會影響整體能量，舉例來說，楓車道77號可簡化成5（7+7=14=5）。但是因為簡化的兩個數字都是7（非常平靜的能量影響），5的房屋能量就會被削弱。我再用占星學中類似的概念來解釋，想像太陽星座是牡羊座的人會如何領先人群、直言不諱，有時候太急躁，但假設他的月亮星座、上升星座以及其他行星是在溫和的星座，例如天秤或雙魚，那麼牡羊座的動態能量就會受到其他行星的影響，進而減弱。許多單一數字組合起來影響另一個數字，也是類似的道理。

　　以下的概要資訊可以協助你了解你家的特定數字能量。

## 1

**1的本質：**獨立、新的開始、與生活合一、自我開發、個體性、進展、創造力。

**1的房子：**適合想要啟程個人創意之旅的人。一個人獨自住在1的房子，會從經驗中學習，而非聽從他人指示和建議。1的房子有助於想要遵從直覺、透過創意與原創性表達自我的人。1的房子有時會產生強烈的情緒，特別是有好幾個人同住在一起時。但情緒會帶來療癒，甚至激發靈感創意。1的房子不是那種會永遠整潔的房子，因為有些小細節對於創作過程來說並不重要。如果你一直都是負責照顧他人的角色，到了需要在生命中獨當一面的地方，又搬進了1的房子，你會感到更決斷、獨立並且願意在這間屋子裡冒險。

**房子是1的挑戰：**有時候1的房子會讓你感覺孤單一人，就算有其他人在你身邊也一樣。其他人可能覺得你很自私，但你只是隔絕你自己，讓你可以決定適合自己的選擇。

## 2

**2的本質：**宇宙中平衡的陰陽能量、雙極、自我沉溺、把他人的需求看得比自己重要、彼此有強烈的吸引力、知識來自兩者之間的平衡與交融。

**2的房子：**適合兩個人同居，感情很好的室友、情侶、夫妻。兩種振動能量，就好比從同一個火源點燃兩枝蠟燭，分離卻又共享同樣的光源。住在2的房子的人，就像豆莢中的豌豆一樣相互關聯。你會強烈與同居人的能量和感受連結。住在2的房子裡，你會有強烈的渴望，要透過外交手腕促成和平或和諧。你常常會發現自己往後站，陷入情況裡，而非提出看法。你會發現你可以完全理解他人的觀點。住在2的房子裡，你會開始發展敏感度，覺察自然和音樂的精微能量，甚至是他人的氣場。花園、音樂、藝術、魔法，都在2的房子裡茂盛興旺。

**房子是2的挑戰：**因為2的振動能量擴展你的感知力，你有時可能會過於敏感，或太在乎他人的感受。萬一發生這種事，靜下心來，傾聽內在的聲

音。此外，因為住在2的房子的人能夠自給自足，房子的能量有時似乎會排斥其他人。

### 3

**3的本質**：身心靈的三位一體、神聖的三元本質、擴張、表達、溝通、玩樂、自我表達、向外給予、敞開、樂觀。

**3的房子**：你可以在這裡對生活感到正向積極，這裡也是你可以浮誇交際的房子，是你可以擴展生命眼界的房子。正向思考產生正向的結果。3的房子會激發你的熱忱，提升你溫暖的天性。這是最適合派對和娛樂的房子。3的房子也有助於激發性和靈性的能量。搬進3的房子後，你會發現你的社交生活不斷增加。這是一間來自不同文化背景的人，可以聚在一起，給予彼此溫暖和愛的房子。三位一體的能量在這間房子裡很強大，在三角形和金字塔能量裡也是一樣。

**房子是3的挑戰**：3的房子會有擴展過度的傾向，能量散落，把自己擴張得太快。要小心財務危機，因為在3的房子裡會有享受當下，之後再結帳的傾向。有時候也會有過度樂觀的傾向。不過，你在3的房子裡獲得的快樂，的確可以彌補任何挑戰。

### 4

**4的本質**：安全、四大元素、四大神聖方位、工作和服務的自我紀律、生產力、組織、整體和結合。

**4的房子**：這是穩固和安全的能量。4象徵四面牆或邊界，提供安全感。4代表固定的基礎和保護。如果你經歷了不穩定和生命中的不確定性，搬進4的房子吧。你會發現你變得更實際；安全，土元素的特質出現了。4的房子非常扎根，也與大地母親連結很深。在這間房屋裡，你可以找到自己的根基，種下夢想的種子。在這個房子裡，你會找到確定性、穩定和力量。你也能夠收穫你努力的果實。詩人紀伯倫在《先知》中寫道：「工作是愛的具體表現。」你的工作可以提供你成就感，也是安全感的來源。4的房子會帶來穩定的工作，替未來奠基。通常那些被4的房子吸引的人，會出現在服

務他人的地方，例如看護。這個房子非常適合一群人共同朝著同樣的目標邁進。舉例來說，一群為綠色和平組織工作的人，會發現4的房子有助於他們的共同目標。呼請元素的協助，風、水、火、土之靈到你房子。朝四個方位呼請神聖的風，進一步提升房子中4的振動能量。如果你對於園藝有興趣，喜歡連結大地能量，4的房子絕對適合你。

**房子是4的挑戰：**有時候住在4的房子，會讓人不斷工作，只有工作，沒有娛樂。如果你發現這一點，放自己一天假，狂放不羈、無憂無慮。讓自己笨一點。4的房子也有囤積或變固執的傾向。要記得，事情都有限度。放輕鬆！生命並沒有看起來的那樣嚴肅。

## 5

**5的本質：**自由自在、自我解放、積極、物質、衝動、精力充沛、冒險犯難、足智多謀、遊歷甚廣、好奇心強、刺激興奮、變動。

**5的房子：**充滿活力，不斷變化。如果你搬進5的房子，請繫好安全帶。如果你覺得你的生命停滯了，這間房子非常適合你，因為5是活動、移動和變化，你的生活將變得跟旋轉木馬一樣，參加聚會、接電話、出席派對、外出郊遊。5就是刺激和冒險。如果你想要提升溝通技巧，就搬進5的房子吧。5的房子的能量就是跟一群人進進出出，去吧、去吧、去吧。5的房子喜歡成為活動中心。5帶來心理刺激、收集資訊、快速簡潔的體驗和分享。這間房子非常適合在家工作的自由記者。5的房子會從大量不同的地區獲得體驗。你也可以把5的房子想成有紅酒、男女、歡歌的地方。如果你正打算禁欲，那麼這間房子不適合你。你的性吸引力會在5的房子內增加，這間房子適合浪漫的一夜情。

**房子是5的挑戰：**有時候住在5的房子裡，會讓你覺得自己的生活像個旋風。慢下來。花時間好好聞聞雛菊的芳香。另外，有時候會有快速做決定的傾向。通常你的直覺在5的房子內是很準的，不過如果是非常重要的抉擇，深吸幾口氣，做決定前要謹慎思考。

## 6

**6的本質：**自我和諧、慈悲、愛、服務、社會責任、美麗、藝術、慷慨、關懷、照顧、孩童、平衡、社區服務。

**6的房子：**是和諧與平衡的中心。6的振動能量很適合家庭擁有，特別是有小孩的家庭。住在6的房子會產生社區服務的感受，想要幫助比你不幸的人。這也適合想要發展自己藝術才能的人。6的房子適合在家工作的諮商師，因為6的能量是照護和關懷。在6的房子工作的諮商師，會發現他們更能夠直接帶領個案找到問題核心，不過是用慈悲、關懷的方式。家的感覺，是6的能量中最重要的部分。與伴侶、室友、朋友、家人的親密關係，都會在6的房子裡顯現。另外，屋外和周遭環境的美觀，也是6的房子的重要意義。

**房子是6的挑戰：**因為6的振動能量已經準備好要用來奉獻，有時候你會奉獻太多。在給予他人和照顧自己需求之間，取得平衡。有時候6的房子的舒適度會讓一個人想要隱居。如果發生這種事，把自己推出去，看看外面的世界。

## 7

**7的本質：**內在生活、象徵智慧的神祕數字、七脈輪、夏威夷卡胡那的七個天堂、誕生與重生、宗教力量、神聖誓言、傾向於儀式（特別是靈性儀式）、獨修之路、分析、沉思。

**7的房子：**這是沉思和僻靜的聖殿；是你可以分析過往經驗和當下現狀的地方，這裡也強調靈性成長。7非常適合那些想要獨自生活，僻靜、冥想並尋求神性啟發的人。如果有兩個人以上想要同住在7的房子，會有點困難，除非家裡其他人可以彌補你沉思的心情。7的房子也非常適合學生或研究者居住，7的振動能量帶來專注研究，促進直覺、夢境、願景、心電感應、哲學和形上學研究，這些都會幫助你找到生命道路。

**房子是7的挑戰：**這個房屋不適合那些想要在物質世界更進一步發展的人。7的能量集中在靈性層面，而非世俗之物。另外，如果你渴望有一段關係，7的房子也不適合你居住，因為這裡振動能量會讓你想要獨處，甚至孤寂一人。

**8**

**8的本質：**無限、物質繁榮、自我權力、豐盛、集體意識、獎賞、權力、領導力。

**8的房子：**生活中處處充滿豐盛，友誼、家人、物質財產的豐盛。如果你想要讓你生命中的物質層面回到正軌，搬進有8的振動能量的房子。8帶來組織和經營技巧，幫助你獲得物質成功。透過紀律並辛勤工作，你可以攀上權力的高峰。如果你發現自己已經花太心力追尋靈性和情緒的成長，而你似乎沒辦法在物質世界中獲得報酬，那麼這間房子就是屬於你的。權力和財務豐盛在這個振動能量中，充滿可能性，獎賞、榮耀、公眾名聲在這能量中也有得到的機會。8是整體的振動能量。你的關係可以發展多種面向，可以代表物質、靈性和心靈特質。你可以贏得尊重和平等。

**房子是8的挑戰：**你必須要小心考慮其他人的福利，有智慧的運用財務。否則8的房子也代表你一直要處理豐盛的課題。

**9**

**9的本質：**人道主義、無私、奉獻自身生命給他人、代表完成和結束的數字、釋放、宇宙的慈悲、包容、智慧。

**9的房子：**是收成過往努力的房子。在這裡，你會擴展對人類的愛與慈悲。這個振動能量會讓你看見自我邊界以外的世界。你自由的給予他人，因為你知道你在生活中有多少收穫。在9的振動能量中，你的智慧會增長，甚至變成先知。因為你知道自己是宇宙家庭的一分子，你有能力放下生活中的小事，你不會輕易感到被冒犯。過去的友情很重要，住在9的房子時，你可能會收到老朋友的消息。你會發現人們因你的慈悲和智慧而來找你。這間房屋適合要拉緊過往拖拉生活的人居住。活出真實的自己，因為你會成為他人的典範。

**房子是9的挑戰：**當你認為最偉大的善就是追求最多數人的善，你可能沒辦法看見每一個人的需求。此外，你也無法看見自身某方面的特定需求，因為你過度關心整體的自我。例如，你可能注意到糖果對你整體健康來說是不好的，但沒辦法看見有時需要用糖果安慰的內在小孩。

## 大師數字：11、22、33

大師數字可以簡化成更小的數字（2、4、6等等），帶有這些小數字的能量。然而，在形上學的傳統裡，11、22、33這三個數字被認為具有特殊力量和獨自的意義：

**11**

特別適合開發直覺、靈視力、靈療能力、其他玄學能力，非常適合想要開發這些能力的人居住。

**22**

精通任何領域的無限潛力，除了靈性領域，還包括物質、情緒和心智領域。

**33**

一切事物皆有可能發生。

我相信我們生命中的每一刻都受到指引，而我相信無論我們居住在什麼地方，都屬於人類生命與進化的偉大計畫。我們常常對於居住的房子或其數字能量沒有選擇權，但每一個振動能量都有獨特的美，也會給你當下你所需要的事物。舉例來說，你可能打算獨處，發展靈性，接著你發現你必須要搬進一間3的能量的房子，3是溝通、表達和擴展的能量。儘管這可能不想是你當下想要的，而我認為這絕對就是你所需要的。我不相信你住在這裡是因為意外。你選擇當下為了靈性成長而需要的振動能量。但如果你想要抵銷你家的數字能量，就加個字母吧（當然，要符合當地郵件機構的法規），在你所有的信件中加入新的地址。儘管舊地址的振動能量依然會影響你家的整體能量，你可以透過個人抉擇和改變來緩和原本的能量。

# 10

**第10章**

# 入厝搬新家

入厝那一天，會是你生命中最重要的日子，會是偉大旅程的開端，又或者是惡夢的開始。搬進新家的前幾天內，種下的種子會為接下來幾年帶來一切的變化。

家就跟人一樣，有自己的個性和意識。當你跟一個人初次相見，如果你忽視他，或是更糟的去批評他，這樣就會有損你們往後的關係。但如果你用愛、關懷、善意開始一段關係，接下來幾年通常都會有所收穫。要在新家擁有豐盛、健康、快樂，一定要採取這一章介紹的簡單步驟。

# 搬進有人住過的房子

## 正式打招呼

　　如果你想要搬家，或是找了幾間房子卻猶疑不決，可以在拜訪每間房子時，在心中說一聲「你好！」（大聲說出來可能會嚇到房仲業者）。傾聽房屋給你的回應，敞開心，感應這間房屋給你什麼感覺。花點時間實際想像自己和你的家人或朋友住在這裡的感覺。試著評估，跟其他拜訪過的地方相比，你覺得這裡有多親密的連結。試著觀想每一間屋子的不同之處，會如何影響你生活中的不同面向。

　　一旦你下定決心，花一點時間認識你的新家。你可以大聲說出來，或在心中默念都可以：「你好，我叫○○○（你的名字），我很高興能夠搬進這裡。我很期待認識你，跟你相處。」你可能覺得這個招呼方式會讓你看起來很蠢，所以使用你覺得適合自己的句子吧！但打招呼的基本概念，都是開始與你的新家建立關係，表達你很開心來到這裡的感受，你很期待能夠照顧它並接受你新家的庇護。簡單的招呼，可以為一開始了無生氣又沉悶的家，帶來喜悅和生命。家就像種子一樣，它乾燥、冬眠了許多年，如果給它適合的環境，就會開始發芽，長出生機盎然的新生命。

## 認識新家的個性

　　把家具搬進新家前，先了解你家的個性。先花時間在房子裡獨處一會兒。你感覺如何？你的靈魂和能量場感應到了哪種「引力」？走進每一個房間，坐下來，「傾聽」其中的能量。透過靜心，連結房子的靈魂，看看它是不是想在你搬進來前讓你知道什麼事情。從這個房間漫步到其他房間，停在其中一間，閉上雙眼。敞開你的心、你的雙耳、鼻子和肌膚。你接收到什麼畫面？

　　觀察新家的基本結構，決定它的布局可以怎麼利用，讓你進一步決定待在那裡時想要什麼。你想要房間傳遞出來的整體感受是什麼？每一個房間要怎麼協助你打造住家散發出來的整體能量呢？要怎麼才能善用每一個房間？

你會把哪一個房間用做社交用途，哪一個房間是你需要獨處安靜時的地方？哪一個房間最適合當冥想室？對每一個房間，大聲說出你的意圖。

可以的話，在搬進去任何家具之前，先睡在新的空屋裡。注意你的夢境，它提供什麼珍貴的資訊，引領你日後選用什麼樣的設計。即便你沒有意識到潛意識的夢境中發生了什麼事，資訊一樣會存在你的頭腦裡，你會開始根據這些資訊，在清醒的生活中行動。

## 清理和淨化新家

入厝前，先徹底打掃新家。洗窗戶、拖地、刷牆壁，徹底打掃每樣東西。你打掃的不只是灰塵，你也淨化了前屋主殘留下來的能量。我不是說前房客的能量不好，而是你需要在你的新家裡建立個人的能量場。

打掃完後，用這本書介紹的方式，進行非常徹底的房屋淨化。搬進來前，淨化房屋是非常重要的動作。你不僅僅淨化了能量，還建立了未來的能量場。一開始跟房屋建立關係時發出的意圖，會創造未來住家發展能量和形式時的參考脈絡。這點非常重要。就像你在一個孩子的童年時給他的關注，會為他往後的人生開啟新的道路。你搬進新家一開始發出的意圖，會創造未來居住時，一直持續感應到的能量。

當你在打包所有物品時，帶著專注和關懷進行，因為這會滲入正向的能量。同樣，拆箱時，用同樣的關愛意圖淨化它們，讓它們在新家的空氣喜悅的散發快樂。

## 為新家取一個名字

為新家取一個適合的名字，是很有意義的事。在古老的形上學傳統中，萬事萬物都有名稱。知道某個東西的名字，等於跟它形成親密的連結。找到新家適合的名字，方法是先到最靠近你家中央的房間（房屋也有作為能量中心點的脈輪，就跟人類一樣。找到你家中央的方法就是：問問自己在房子哪個地方感覺到最多的愛）。站在房屋中央點，開始冥想。允許自己想像你家擁有個性，也有像人類一樣的外貌。溫和、關愛的請求它以象徵你家的生命的人形出現，請它告訴你它的名字。你也可能沒收到任何名字，只收到一

股感受。如果是這樣，那麼試著為那種感受取個名字，也許整個房子的名字就會出現了，而不同的房間也許會有它們自己的名字。你越常使用房子的名字，就越能連結到你家的大靈，你的家就會擁有更好的整體能量。

## 入厝儀式

古時候，入厝儀式非常重要。在某些部落裡，整個村莊會聚集起來舉行儀式。祭司會祝福房屋，請求你家的大靈祝福住在裡面的人。儀式之後，搬進新家的住戶會宴請村民。

在某些傳統信仰中，入厝儀式只在「良辰吉日」進行，這意味著搬家時，星辰和月亮要在適合的位置。

你可以根據你的信仰、需求、個人風格，設計最適合你自己的入厝儀式。細節不是最重要的核心；重要的是，你找到方式記錄、榮耀你的生命踏上了新的時代。

# 自己蓋新房

## 正式向土地打招呼

自己蓋房子，讓你有獨特的機會，可以直接從土地往上連結你的家。從你開始構想蓋自己的房子時，你可以決定並帶入哪種能量。只要房屋還在，你的家就會充滿那種能量。

一旦你知道要在哪裡蓋房子，先花時間與那塊土地相處，你可以在那裡走一走，睡一覺，跟土地對話。雙手伸入土壤裡，感受大地。與土地建立連結之後，正式介紹自己，解釋你對於該地區有什麼樣的計畫。請求土地在這段旅程以及未來的日子裡協助你。這是很重要的第一個步驟，因為當你取得土之靈的協助，建築過程就會更加順利，而且在你居住的時日裡，都會持續從大地湧出能量。

## 選擇蓋房子的地點

風水學可以幫助你選擇哪個地方適合蓋房子，但最好的指引應該是那個地點讓你有什麼感覺。連結大地之後，你就會有強烈的感應，知道最適合蓋房子的地點在哪裡。就算風水的徵兆看起來很好，但如果你覺得那個地方感覺怪怪的，整體也一樣不會好。美洲原住民選擇搭帳棚、小屋或棚屋時，並不會依照風水的所有準則。當一個地點感覺很適合，他們自然會知道。這也是選擇房屋地點的深奧方法。信任你的直覺。

## 找對設計師、工人和供應商

你在蓋房子時也是在創造能量，所以你要對幫你蓋房子的人有好感。我的意思不是說，設計師和工人每天清晨都要冥想（如果要找到會冥想的建築團隊，可能要等到下輩子），而是要你與有好感的人共事，因為他們的能量也是住家能量的一部分。在喜悅中蓋的房屋，擁有美好的能量，而在爭吵和憤怒中蓋的房子，通常都會有不和諧的感受。

建造你房屋的一切事物，都有自己的歷史和重要意義。花時間觀察並榮耀每一件來到你家的原料，看看這些將打造你家的材料。當你看著地上拋光木板的金色紋路，也會看見這些從橡樹做成的木板所具備的偉大力量。感謝樹木給予的生命及靈性的禮物，讓你獲得庇護、溫暖、愉悅。當你的視線穿過窗戶的透明玻璃，想像金色的沙粒曬著溫暖的陽光，沙粒融化變成玻璃，為你帶來利益和願景。連結建材的來源，以及它們的靈性。當你這麼做時，就會「呼喚」大靈注入這些原料。

## 動土儀式

開工動土的當天，獻上給大地的禮物。你可以遵照美洲原住民的傳統方式，在土地上灑一些玉米粉或菸草，表示感激。打地基當天早上舉行動土儀式，是很有意義的。地基會組成整棟房屋的支柱，你會希望地基是堅固又平衡的。以前打地基時，會進行奉獻，這是出於尊重地基的重要性。祝福地基時，把一些「充電」過的水，加入地基的混合材料裡，並說：「願蒼天的

力量充滿你。願大地母親的祝福注入你。願這個家在未來的日子裡永遠堅固。」

填入地基後，在還沒凝固前，放入珍貴的東西。你可以放入祝福過的水晶，或是一張快樂的家庭合照。我知道有一戶人家放了錢幣，因為他們想要新家擁有繁榮。（這個願望實現了。這戶人家搬進新家後，有了繁榮的事業。）

## 入厝儀式

某些原住民的文化，在搬進新家時，會拿樹枝敲打牆壁好幾個小時。這是他們連結房屋大靈並一起慶祝的方式。

搬進新家前，在曾有人住過的房子裡，試試並遵照前面提過的方法，了解你家的個性，清理並淨化房屋。就算你家是全新的房子，你也是第一個住進去的人，進行這些步驟也會幫助你打造住在這間房子裡的願景，並幫助你明確建立你想要房子擁有的能量。遵照這些步驟之後，你可以邀請親朋好友造訪你的新家。請他們花些時間，默默祝福你的新家。如果你的朋友中有人非常喜歡開口說話，你可以請他們大聲分享對於你家和住戶的祝福。接著播放音樂，端上美食，來場盛大的慶祝吧。你盡了你的努力，你建立了一個新家，你創造了這件事！慶祝吧！你的新家也會一同慶祝！

# 11

第11章

## 房屋是自我的隱喻

　　周遭的每件事物，都反映了你的內在生命。周圍看得見的實相，都象徵你內在看不見的世界。你的生活時時刻刻都走在一座「象徵森林」裡，這些象徵不斷映照出你個人的實相。要了解這些，就要了解隱藏的動力。

　　人對於自身和周遭生活有表意識和潛意識信念，潛意識信念更加支配了生命品質。我們每個人的大腦中都有潛意識程式，引導我們看待世界的方式，也影響他人看待我們的方式。這個程式來自於童年其他人與我們連結的方式，也來自於我們在前世做出的決定。另外，我們的信念也來自於整體社會的集體意識。如果你不確定你的潛意識投射了什麼到世界裡，就看看你的生活。你的生活絕對代表你投射出的能量和潛意識信念。

　　或許你已經聽過這種說法：「你就是你的思想。」這句話不只是意味著你知道表意識的想法，也意味著你所不知道的想法（你的潛意識信念）。有個年輕男孩不斷被說他很自私，這是潛意識信念開始運作的一個實例。這孩子的批判能力還沒發展到足以拒絕這個負面程式，所以他的潛意識就接受了自己很自私的觀念。自私的信念開始變成男孩的一部分，導致他開始認為自己真的是一個自私的人。他想的一切都會實現，所以這孩子長大後就變得很自私。他腦海中的內在程式根深柢固，變成了「存在根基」（ground of being）的一部分。

　　當潛意識信念成為了「存在根基」的一環，代表它不像是一個決定或信念了，而似乎變成「就是這樣」。有時候我們內在的核心信念就像地心引力一樣。地心引力是我們的「存在根基」，讓我們沒有意識到身體的每塊皮膚都有好幾公斤的壓力。地心引力因為太基本了，我們理所當然的把它當作「實相」，卻幾乎沒有思考這點。

　　核心信念是我們看待自身和世界的一部分，因為太根深柢固，所以我們甚至不知道它們是信念。它們「緊緊黏在」或埋藏在個人能量場裡，而這些潛意識信念會不斷顯化在世界裡。當你從身體投射出能量，在周圍產生波動，就會把你的「信念」投射到這個世界裡。接著，能量場中的信念會變成磁鐵，吸引符合你潛意識信念的事件和人群。

　　這意味著你的個人世界，是潛意識對於自身和生活的核心信念加以創造或顯化。舉例來說，如果你的潛意識核心信念是「沒有人會真心愛你」，就

會不斷創造「你一直沒有真心被愛的關係」，即便你在表意識裡可能極度渴望被愛。

或者，假設你的個人能量場中埋植了一個潛意識信念是「你無法相信任何人」，這個潛意識信念會持續投射出來，就算你感覺平靜時也在投射這樣的信念。投射出來的能量會變成磁鐵，吸引「無法信任的人」來到你的生命裡。

許多人開始了解可以改變內在的核心信念。核心信念改變後，生命也就轉變了。當你改變內在世界，你的外在世界自然而然的就會反射內在的改變。但很少人知道的真相是：如果你改變外在世界，你的內在世界也會轉變。你可以大幅改變生活條件，只要在生活環境裡改變能量場就行！

## 創造你家的樣板

改變你家的能量，你就創造一個能量樣板。從你的意圖和家具著手，你可以打造全新的模式或樣板，深深穿透你的潛意識。這個樣板可以幫你改變潛意識中的負面程式。

當你的內在程式被你家的樣板改變，你會開始投射出新的能量場。你周遭的生活和人，都會回應這新的能量場；宇宙，會連結上你投射的能量。舉例來說，如果你在家中創造了冒險和戲劇化的樣板，這個樣板就會嵌入你的能量場。那麼，無論你走到哪裡，甚至不在家時，你的能量場都會寫著：「嘿！我準備好要出去玩了！」而你就會吸引冒險來到生命中。

如果你想在生命裡創造豐盛，在你家打造豐盛的樣板。如果你想感受深層寧靜，創造會散發深層內在平靜能量的環境。因此，你的家就會是活生生的肯定語句，符合你想要在目前及未來生活裡創造的一切。以下的建議可以用來創造樣板，能夠為生活帶來正面影響。

### 創造更井然有序的人生

如果你的生活充斥混亂，打掃抽屜並保持整潔，這個簡單的方法會改變你的生活。

整理抽屜時的掌控權和秩序感，會為你的生命帶來力量及秩序，你可能突然能處理之前極度困擾的麻煩。

打掃每一個抽屜時，頭腦想著一句話：「用它，愛它，否則就擺脫它！」像戰士一樣，猛烈清空每一個抽屜。如果有東西需要修補，要不是修補，不然就丟掉它。

為了避免讓這件事變成壓力龐大的工作，你可以從一個小抽屜或一小塊地方開始，一次慢慢清理一個區域。把所有的抽屜打開來放在地板中央，一次重整，只會增加猶豫不決和困惑。就算你只能整理家中的一個房間，完成這項任務也會為你打造一個強而有力的樣板，開始拿回生命的主導權。

## 創造更豐盛的人生

想要在生命中創造豐盛，你可以先在個人空間裡創造奢華的幻想或感受。如果你發揮創意，只要花點小錢就可以做到。購買實際上不貴、卻看起來很豐盛的物品，例如色彩繽紛的編織品。去二手店，那裡賣的東西比全新物品便宜很多。挑選讓你感覺美好的物品。

先從一個房間開始，也許是你的臥室。用色彩繽紛的編織品，裝飾你的床及牆面。放上幾顆枕頭。讓每件東西都散發深層舒適詳和感。在牆面掛上象徵豐盛的照片或圖畫。

你可能想製作一張「藏寶圖」掛在牆上，幫助你重新設定潛意識。「藏寶圖」是剪貼一系列的照片或雜誌圖文，製作出一張圖，傳遞你想要顯化的畫面。舉例來說，如果你的舊車一直拋錨，而你想要一輛新車，就是找一張你喜歡的車子圖片吧。把照片貼在大海報版上（約四十五到五十公分），接著找一張你看起來很開心的自拍照，貼在車子旁邊。貼上傳遞出豐盛和繁榮的照片與文字。你可以貼上一大束花、美麗地毯、奢華美食的照片。確保你貼上去的照片與文字象徵著大靈，提醒自己記得顯化時運作的創意美好法則。接著，把藏寶圖放在一個地方，讓它可以開始滲入你的潛意識心智。通常是放在臥室。在私人空間打造一個豐盛的基地，能夠轉變你的意識，這也是一種讓你開始知道豐盛確實會流入你生命的方式。

有個年輕人找我幫他淨化他家的能量。他被公司裁員，苦於財富課題的

困擾。他希望淨化家中能量可以幫助他改運。他說，金錢流出生命的速度，似乎就跟流入的速度一樣快。當我到他家，走進每一個房間，我察覺到能量正從房子外洩出去。他家的能量形式就像篩網。詢問後，我發現他在家中常常感到筋疲力盡，到訪的人也常常因勞累而提早離開。用淨化空間的技巧，把外洩的能量關起來後，我建議他創造一個感到豐盛的空間。（我也建議他探索和處理覺得自己不值得的感受，這樣他才能夠了解到讓自己豐盛是沒問題的，如此一來他會發現自己值得繁榮。）

為了創造更豐盛的氛圍，我們談到讓他感到豐盛的東西是什麼。我接著請他閉上雙眼，踏上一場創意的觀想旅程，想像自己走入豐盛的屋子裡。當他踏上內在旅程，他說他看見紅酒架上有一瓶瓶的紅酒，流理檯上有一瓶優質橄欖油，廚房籃子裡裝著新鮮蒜頭。他的畫面似乎都圍繞著廚房和優質食材。

結束冥想後，我們討論了他看見的畫面。他真的很享受烹飪，而他了解到自己對豐盛的聯想是食材。他看到在某些狀況下，自己對於財務狀況的感知會透過他買東西的方式而放大。舉例來說，他烹飪時會用香蒜粉，而非新鮮的蒜頭（儘管他可以買得起新鮮的蒜頭），因為他有一個潛意識思考模式，認為只有豐盛的人才能使用新鮮的蒜頭。

我們談完之後，他就出門採買，買了一瓶優質的橄欖油、一些好酒，以及新鮮蒜頭。這樣的行為對某些人來說似乎很蠢或沒有意義，但對他來說，他破除了貧窮意識。之後他告訴我，後來每次下廚時，他可以感覺到自己很豐盛。他打造了一間感覺和看起來都很豐盛的廚房。每一次他踏入廚房，都象徵性的破除了內在的貧窮意識，開始創造豐盛和繁榮的未來。

## 創造更有愛的人生

看看什麼對你來說代表著愛，用它填滿你家。有位女士來找我，希望能夠在生活中擁有愛。我們淨化了她家，接著在她家中的「關係宮」擺設一座室內瀑布（參見第13章）。我請她告訴我，對她來說，還有什麼東西象徵愛？她回答粉紅色（粉紅玫瑰和愛心）對她來說代表愛。她聽了我的建議，在庭院種了粉紅玫瑰。種了非常多！她把臥室牆面漆成淡粉紅色，房間裡也

放了許多愛心形狀的物品，從愛心的照片到心形的枕頭。我建議她把看起來很快樂的人的合照也放在一起。結果，比她預期的時間還要快，她就遇見了一位當地大學教授，深陷戀情中，發展出一段美好的關係。

## 創造更有創意的人生

創意來自於你能夠用不同的方式看待「尋常事物」。看著籃子，卻看見燈罩。拿起其他人丟掉的東西，看看自己可以發揮創意做些什麼。我認識三個兄弟，他們都是清潔隊員。他們住在一起，利用其他人丟掉的物品，在家中創造了美妙的神奇環境。把別人丟棄的物品，想辦法變成美麗的物品。

不需要花多少錢，你就能把你家當作創意的畫布。拿一組老舊的二手沙發，以及大量平價的畫布或大量的棉布。拿起畫筆，在畫布上揮毫設計。我用過水性乳膠漆，混合壓克力顏料，在畫布上著色（或者也可以用繪布，但會有一點貴）。接著丟進洗衣機中，啊哈——充滿創意的設計布料就立刻出現了！將布拼縫成一大片，套在老舊沙發上。為了防止沙發套滑落，可以做長長布條，綁在沙發底部。

這只是讓你去做的幾個點子。在你家發揮創意，你就會發現你開始為生活打造一個創意的樣板。

## 創造更平靜的人生

如果要在生活中創造更多平靜，讓寧靜的能量和感受注入家中，把房間漆上藍色。用藍色系或淡色系，取代紅色和橙色。丟掉任何你不喜歡或讓你煩躁的物品，播放鎮靜心神的音樂，將房內水晶獻給和平，種許多蕨類，養一缸美麗悠游的魚。掛上寧靜自然風景的照片或圖畫。在拐角用裝飾或掛上布料，讓角落氣氛柔和。定期在家中噴灑薰衣草香氛。當你的家感覺起來像座寧靜的聖殿，平靜就會注入你的心中。

## 創造更熱情的人生

紫色絨布窗簾、奢華粉紅毛巾，所見之處都是蠟燭，以及流蘇、流蘇、流蘇。讓過長的布簾垂墜到地面捲起來，把各式各樣的枕頭擺放在各處，混

搭色彩和布料。放一盆花，讓它們自然凋謝，花朵的每個階段都很美麗（鬱金香在最後一片花瓣凋謝前，會經過許多美麗的捲曲和轉換階段）。脫下鞋子時，隨手往後丟。把有多色漩渦圖案的舊圍巾，丟在沙發上。用懸掛著長長流蘇的勃艮地絲巾，包覆燈罩。掛上大幅的裸體畫作，微微歪斜，作為客廳的視覺中心。噴灑花香的香水，瀰漫整個家。播放美國爵士歌手比莉‧哈樂黛（Billie Holiday）的音樂。

當然，熱情對每一個人的定義都不同。找出你對熱情的定義，在家中創造熱情的感覺。我曾受邀去淨化一位中年女性的住家，跟她談談她的人生、渴望、目標時，發現她很孤單，想要有一段關係。當我檢視她家，看見空間雖然很漂亮，但太乾淨了。每件物品都被放在該有的位置，彷彿是謹慎小心的擺在那裡。一張桌子上擺著精美的瓷器，每件瓷器之間的距離都一樣。另一張桌子上有一小束花朵，也是插得很整齊。雖然這樣的效果很令人愉悅，卻感覺起來不像是她的家中或生命中還有房間留給任何人。這是一個封閉的迴圈。

得到她的諒解後，我走到擺花的地方，把它們從花瓶中取出。接著走到廚房，隨意的插進水杯裡，讓它們越過杯緣以奇特而不固定的方式垂下。我請她看著花朵，告訴我有什麼感覺。她說，看著它們時，讓她感覺很尷尬又不舒服。我們談了更多她的人生，她說，她一直以來都很拘束、嚴謹。

淨化完能量後，她同意我在她家做些改變。她家沒有太多能量要淨化——只有少數地方有一點點的沉滯能量。但淨化完後，我開始移動家具，隨意扔擲枕頭。我把畫從牆壁拿下，靠著牆放在地上。我也給她幾點額外的建議，讓她可以自己鬆動家中的能量。

這位女性家中的能量太過嚴謹、拘束，導致任何踏進她家的人很難覺得舒服。透過弄亂她家，打破她封閉的迴圈。雖然她說改變讓她不太舒服，但她同意在重新擺設後的家中住一段時間，看看會發生什麼事。

幾天後，我接到一通語氣非常興奮的來電。她說，有位跟她一起工作的男士，之前根本不注意她，現在開始注意她了，即便她的行為跟以前一模一樣（她自己認為是這樣）。她受到鼓勵，所以回到家後，把家裡弄得更亂一些。我告訴她，不用真的一定要完全弄亂她家。我們做的一切，只是打破反

映在她家中的舊有行為模式，這個舊有模式妨礙她開始一段關係。我很開心的告訴大家，數個月後，她告訴我，她進入一段關係了。創造熱情的樣板，新的模式就會接著產生。

## 創造更有趣、更愉快的人生

如果你正處於低潮期，靈魂感到沉重，試著用各種方式把更多光亮帶進整個環境。把窗簾收攏，在房間放上許多蠟燭，試著在天花板上懸掛薄紗。考慮養一隻鳥當寵物！你會很驚訝，這些行為將點亮你的情緒。

使用令人愉快的色彩。牆壁和家具選擇亮黃色和令人清晰愉快的顏色。打開窗戶，讓越多光照進來越好。在書架上擺放玩具。我發現最能讓整間房屋愉快起來的方法，就是懸掛過時的玩具，這些玩具讓我們會不自禁的微笑。在客廳放個奇怪的雕像，在餐桌椅漆上線條和圓點。放一些怪異而愉快的房屋陳設，這會把樂趣注入你的生活。

## 創造更簡約的人生

丟掉所有你不需要或不喜歡的物品，硬下心扔掉。如果你已經兩年沒有用到它，就丟掉吧。如果一整年都沒有穿過這件衣服，丟掉吧。清理牆壁，掛上一幅好畫，比一整面你不關心的凌亂畫作和擺設來得好。清理咖啡桌，放上一件你最喜歡的完美物品。清理衣櫥，擁有十件好衣裳，比收著三十件你不喜歡或沒在穿的衣服還要好。著迷於簡約的家，你的生活也會開始變得簡單。

## 釋放負面的過去

如果要釋放負面過往，就釋放家中那些把過往能量帶入當下生活的物品。舉例來說，有個個案告訴我，她每次待在臥室，身體都會不舒服。她問我是不是能為她淨化臥室的能量。我探測了她臥室的能量，發現沒什麼問題。我問她，不舒服時的感覺是什麼。她說，感覺起來就跟兩年半前懷孕時的孕吐一樣。我接著問她，什麼時候開始在臥室中感覺不舒服。她回答我，這一年來每次踏進臥室都會不舒服。我問她，是不是現在的臥室還留著以前

孕吐時的東西。

　　瞬間，她眼睛一亮，說道：「我懷孕時幾乎都在噁心，我通常待在床上，因為我太不舒服，沒辦法起床。床單是藍綠色的，跟妳現在看到鋪在我床上的一樣。生完孩子後，別人送給我新的床單。但一年後，新床單褪色了，所以我換回了舊的藍綠色床單。就是那個時候開始，我每次踏進臥室都很不舒服。」她了解到自己的孕吐跟噁心，與藍綠色床單有關，才會每次踏進臥室，就啟動了潛意識的噁心反應。我們立刻換掉讓她不舒服的床單，而她說感覺變好了。事實上，換掉床單後，她踏進臥室再也不會感覺不舒服了。

　　如果一個人經歷了困苦的時期，祖魯族就會燒掉他穿過的衣物，釋放殘留在衣物上的情緒。有些文化會燒掉女性生產時穿的衣物，好讓她和嬰兒象徵性進入新的生命週期。如果你家裡的一些物品具有不好的回憶，或是來自於你不喜歡的人，丟掉它們吧！（或者，如果你不忍心丟掉它們，那就徹底淨化它們。）

　　你家的物品應該只要有好的回憶。否則，負面的回憶會把家中的能量往下拉。當你為房子採買物品，要注意你在購物時的感覺，會影響到物品放在家裡後，你對它的感覺。如果你的感覺是美好、快樂，你聯想到物品時就會是美好，也會持續散發快樂的經驗；如果你購物時，店員很沒禮貌，你很不開心，你大概也不會喜歡那件物品，就像你當時不愉快的購物經驗一樣。

　　一位年輕女性打電話給我，她前一年離婚了。她一直有點憂鬱，懷疑離婚後搬進的公寓裡也許有「不好」的能量。我去了她的公寓，注意到房子內許多物品散發出不尋常的能量。她回答我：「喔，那是泰德和我在夏威夷買的！」「那是我跟泰德在可愛的小古董店買到的。」每一件散發不尋常能量場的物品，都是在她婚姻不愉快時購買的。（她在短暫交往後就結婚了，這段婚姻只維持一年。）

　　我告訴她，公寓中的基本能量看起來沒有問題。我給她一些建議，在窗戶上掛一些鏡子，擺放水晶。而主要的建議，是移走她在這段短短的婚姻中購買的所有物品。她不想這麼做，所以我建議她把這些物品先收在倉庫，兩個星期後，看看能不能減緩她的憂鬱。她猶豫的把物品放進倉庫兩個星期。

兩週後，我打電話給她，看看她做得如何。她告訴我，她的憂鬱已經消失了。她說她了解到，自己執著於過去，每一次看著她跟泰德從前一起買的東西，潛意識裡都覺得自己很失敗。當她的頭腦移除了這些一再提醒她過往失敗的認定後，打開了一個空間，讓她可以客觀審視自己的關係。她決定再也不要把這些物品放進家裡，也準備好往前邁進，不再留戀過往。

## 創造更健康的人生

如果要把房子變成非常健康的樣板，你可以從兩個部分著手。第一個部分採取的步驟，讓你可以直接改變物質環境。檢查你家的電磁場，盡可能減少電磁場。遠離剩下的電磁場（參見第182—184頁）。放一台空氣清淨機（參見第91—92頁），飲用淨水，或是購買淨水器（參見第5章）。檢查你家是否有任何過敏原，例如地毯膠、石棉、磚頭中的氡氣（以上僅列出幾個例子），研究如何消除這些過敏原。

另一種創造健康樣板的方式，就是創造讓你感覺有活力又健康的環境。在四處擺放植物（確保它們是健康的植物，不健康的植物就不是健康的好樣板）。在牆壁漆上明亮的色彩，而非灰暗的顏色（清晰的顏色比昏暗的顏色更有療癒力）。掛上照片和畫作，裡面出現的是健康的人，或具有生命力的意象（也就是說，不要掛冬日昏暗的倫敦街景，而是掛上明亮夏日花團錦簇的山坡草皮）。完全清理你家，並徹底淨化住家能量。之後，至少每週一次稍微淨化住家能量。你家投射出越多生命力和健康能量，你就越能維持健康及好狀況。

## 創造更靈性的人生

找一些你景仰的靈性導師，或已經在靈性道途上的人們的照片畫像。將這些照片放在能夠嵌入你潛意識的地方。把靈性導師的照片放在床邊是個好主意，這樣你在入睡前看到的最後一件物品，以及起床時看到的第一個物品，就會是這張照片。不是每個人都喜歡崇敬上師，如果是這樣，你也可以在家裡四處放著神的造物，例如森林或山巒的畫作。另一個創造更靈性樣板的好方法，就是在家中各個地方放上肯定語句或勵志格言。找出能鼓舞你的

靈性，產生共鳴的格言，請書法家抄寫下來，裱框並掛在某個地方，讓它開始植入你的潛意識。最適合放上格言或勵志諺語的地方，就是浴室或臥室。

另一種創造靈性樣板的方式，就是打造住家聖壇。聖壇的風格可依個人選擇，不過基本上要用實體的物件組成小聖壇。這些物品象徵你與大靈的連結，幫助你記得你此生在地球上的原因。當然，不是所有人都有整間冥想室作為聖壇，但即便在最小間的公寓，都可以設置一座小型聖壇——在桌上、架子上，或是任何你在家裡覺得可以作為榮耀之處的地方。我目前冥想室的聖壇，是在一個收納櫃裡。我們之前住在非常小的房子裡，我把聖壇放在裝潢用的桌子底下。我做了一條桌巾，鋪在桌上，讓它垂墜到地板，就打造出一個美好的私人地點，讓我有個小型的靈性僻靜處。

你的聖壇應該是家裡的靈性中心，聖壇散發出來的能量會綻放到家中各個角落。如果你有跟隨的上師或其他靈性導師，可以把他們的相片放在聖壇上，提醒你記得他們的內在品質是你個人追求的品質。假設你發現你與大自然的大靈連結，那麼你可以在個人聖壇上擺放些來自大自然的東西。聖壇上最好要用一個物品當作焦點，可以是個符號物件（例如大衛星），或者是照片（大自然某處，或是幫助你連結靈性源頭的人），或是一個物品（像是水晶、搖鈴、羽毛、花朵）。一定要一直補充能量、打掃並淨化聖壇，因為它在你家發揮重要的作用。

## 創造更美麗的人生

如果你想要感受到更美麗、創造周圍的美好，花點時間靜下心來，注意什麼東西對你來說代表美麗。對某人來說，美麗是一盆粉紅玫瑰，而對其他人來說，美麗是陽光照進窗戶，窗簾在另一邊晃動。買一條優美的床單，每次躺進被窩裡時，感覺自己被這條優美床單的平靜包圍。創造一個讓你感覺美麗的環境。

你看見並察覺越多周遭的美麗，你就會變得越美好。無論身在何方，就算你不在家裡，覺察、看見、感受、嗅聞、聆聽周遭一切的美好事物。運用所有的感官。即便你身在擁擠、煙塵瀰漫的城市，無論你在哪裡，總會有美麗的地方。也許是一株美麗的小植物，在人行道邊努力的生長，或是一小朵

浮雲從高聳的大樓間飄過。無論在哪裡，家中、你所處的環境中，覺察美好的事物，你會變得更加美麗。

## 創造更冒險的人生

我有個朋友住在倫敦市中心，你踏進她的小公寓，會以為自己進入了美國西南方的泥磚房屋。屋裡有泥磚牆和仙人掌盆栽，她會燒鼠尾草，用音響播放美洲原住民的笛樂。公寓牆上掛著印第安捕夢網和野狼照片，以及西南部風格的地毯。你幾乎以為如果望向窗外，會看見水牛奔馳在廣闊的平原上，而不是倫敦的波托貝洛市集。我詢問一些關於她家的問題，她說，這麼做讓她有開拓冒險的精神和感覺（有趣的是，她的生活的確充滿冒險性）。雖然她在倫敦的辦公室工作，但她去美國參加過淨汗屋典禮，也做了一面美洲原住民的鼓。外在形式跟隨內在意圖，因為她有冒險的意圖和西部精神，她就開始在生活中創造這些意圖和精神。

如果要在生活中擁有更多冒險的旅程，可以掛上異國的照片或畫作。創造這樣的環境：「我跨越個人疆界，願意在生命中追尋冒險。」家具的顏色不用互相協調。大膽一點。將傳統的英國安妮皇后椅，搭配精美的英國Wedgwood骨瓷茶具，再搭配重金屬樂團海報，或是日光燈。

你是那種不想使用「好東西」的人嗎？你不曾把毛巾展示在臥房，而是把它用得髒兮兮？或者你捨不得用你那組優美的瓷器？如果你想要生活中有更多冒險，那麼就掙脫束縛吧！使用你最好的瓷器！坐在你最好的椅子上（把塑膠外罩拿掉吧）！用你最好的毛巾！在你家的環境中冒險，創造一個生活讓你踏入瘋狂冒險之旅的樣板。

## 你家目前的樣板是什麼？

檢視你目前為自己創造的住家樣板。你家投射出來的整體能量是什麼？你家看上去和感覺起來很清苦嗎？你家擁有舒適和放鬆的生活觀嗎？如果你想過嚴謹的生活，那也沒有問題。但如果你想生活更舒適，那麼就讓住家環境變得更舒適。如果你想要更嚴謹、井然有序，但你家卻看起來像是被颱風肆虐過，就改變你的家來改變你的生活吧。

　　你家投射出來的樣板是你想要的嗎？你喜歡你家傳遞出來的訊息嗎？如果你是來到你家的陌生人，會怎麼評斷住在這裡的人呢（通常我們對於人的評斷都是潛意識感受的真實表態）？如果你家尚未投射出你所渴望的樣板，改變它，並看著你的生活獲得轉變。

## 房子如何象徵自我

　　我們透過整理住家的方式，反映出我們個人在宇宙中的秩序感。你家在許多方面都象徵你自己。事實上，許多夢境專家一致同意，一個人夢到自己的家，通常都代表自我。夢到地下室通常代表潛意識，而閣樓代表高層次的志向。你家的每一處都跟你自己的每一個部分有象徵性的關聯。為了轉變你的生活，或是增強生命中某個面向，所以要對家中與你有對應的地方多費一些心思。

　　每個房間都代表你自己。以下我列出幾個例子，但你可以自己尋找每一個房間在你的生命中的象徵意義。

## 大門

　　你家的大門非常重要，因為它不只是創造整個家的第一印象以及住家整體能量配置，前門也象徵著你如何對這個世界展現自己。你的家必須是一個讓你進入獲得滋養的空間；你的大門越是歡迎世界，你的家就越能滋養和支持你。把健康的花放在門口，並將能夠激勵你的相片掛在走廊。好的燈光也很重要，鏡子能為你帶來光亮，豐富空間層次，尤其是你的門廊很狹小的話。

　　如果你個人對世界的展現是擴展和歡迎，請在門口創造擴展和歡迎的氛圍。確保你的門口通道沒有骯髒或凌亂。門口凌亂會阻擋門完全敞開。清理乾淨，讓有益的能量可以流進你家。如果你踏進家門的第一個經驗，是必須推開、穿越障礙物，這代表你創造了需要在生命中推開的阻礙。清除門口的障礙物，幫助你清理人生中的障礙。

# 臥室

你的臥房是休息僻靜的地方，象徵著你接受自己內在的方式。和大門所代表的不同之處在於，它象徵著你如何向這個世界展現自己。如果你的自尊心較低，而你的臥室是黑暗沉重的，你需要更多的光照、掛上鏡子、用些明亮的色彩。這些表達象徵了你的內在自我，你的內在空間是明亮輕盈的。但是，如果你總是將能量給了其他人，不留一些給自己，你的臥室又有大量的窗戶，採光明亮，這時你就該築一個巢，用深一點的暖色系，並將窗簾拉上。這麼做可以創造一個樣板，表示在你之內，有一個內在的聖境。

# 浴室

你的浴室象徵釋放與放掉你生命中不再需要的事物，它同時也代表清理和更新。浴室象徵放下過往，擁抱新生。如果你很難釋放不再使用的物品，也無法放下已經無法再相互支持的關係，那麼走進你的浴室，清理置物架。丟掉浴室中不需要的任何物品。這可以創造一個樣板，釋放你生命中不再適合你最高利益的事物。如果你感到生命停滯下來，需要重生，那麼就清理你的浴室。清理的簡單動作，會在生活中創造更新和淨化的樣板。

# 各項房屋系統

不只是房間代表你生活中的面向，房屋中的系統和材質也象徵生活面向。雖然重要的是要找出你家許多系統中的個人象徵意義，但我還是提供一些例子供你參考。

水代表情緒和感受，所以你家的水管系統代表你的情緒。如果你的水管堵住，這可能是你的情緒也堵住了的徵兆。假設廁所的水溢出來，這可能代表你的情緒堆積到滿出來了。凍結的水管，象徵你的情緒也凝滯了。水龍頭漏水，表示你的情緒正在不斷溢出。當然，水龍頭漏水也可能只是意味著你需要換新的墊圈，但通常來說，水管系統跟一個人的情緒狀態會相互關聯。

你家的電力系統象徵著你的生命力，或你的個人能量場。如果你家的電路一直過載，檢視自己是否需要讓生活步調慢一點，也許你承擔太多了。如

果燈泡不斷燒壞，或許你給出太多能量，卻沒有獲得足夠的能量。

　　你家的地板象徵生活的根基。如果你家地下室的地板開始碎裂，或是你家的地板開始變形，看看生活中哪些部分讓你感覺「地面不穩」。

　　你家的牆壁象徵著生命中的架構和支持。如果白蟻開始蛀蝕牆壁，注意看看生活中是否有任何事物蛀蝕掉你的支持系統。

　　當你開始探索住家的象徵，記得周遭的每件事物（包括你家）都反映你自己。宇宙時時刻刻都在輕聲低語，傳遞訊息給你。這些訊息會出現在夢境、你涉入其中的事件，以及家中周圍的強烈象徵。就像高山、深不見底的洞穴、波光粼粼的河流，也住在我們的靈魂內，所以你的家就是你自己的大宇宙，而這內在生態也在你家裡。你家裡面，就擁有山巒、峽谷、海洋、星辰的靈性。你家是重疊的振動能量場，反映出你自己，也透過許多方式向你低語。你的個人生活空間可以是靈性樣板，協助你的內在道途，讓你可以在未來快樂的成長，或是毫無生命、了無生氣。一旦你創造富含生命和關愛的住家樣板，你的人生就會更加完整和豐富。

# 12

第12章

生活在光中

我們的地球和所有造物，都在大自然中的療癒陽光下演化。我們的身體循環和肌膚顏色，甚至是個性，某種程度來說，都是根據環境中光的總量而演化出來的結果。我們的身體需要氧氣來呼吸，需要食物來食用，需要光來生存。光不只是對人類和世界來說是最重要的基本元素，光也是我們在地球上能夠取得的強大療癒源頭（卻沒有多少人知道）。

不斷有研究結果證實，崇拜太陽的文明在幾個世代以來就知道的事實：光可以用來療癒肉體和心智的問題。照進你家的光，能夠使你乾枯，也能夠療癒你。圍繞我們的光，不只象徵大靈的內在之光，光對我們肉體的健康也非常重要。我們使用「開悟」（enlightenment）來描述深刻的靈性經驗，並非巧合。在我們的內心深處，都深知光的力量和能力。我們會說，「我看見一道光」、「他是我生命中的一盞光」、「住在光中」，或是《聖經》中的名言：「要有光！」這些都指出，我們賦予光的力量。讓我們探索這令人興奮的領域吧。

## 透過顏色，與光共處

我們在環境中觀察並與光共處的方式，顯然就是透過顏色。生活中的每一處都受到顏色影響。

你在家使用的顏色，最能在環境中對你產生直接且強大的影響。即便我們沒有意識到這點，也會承認色彩的力量對生活的影響。在英文中，有這些句子：「我覺得今天很憂鬱（blue）。」「今天是憂鬱（blue）星期一。」「她的狀態真良好（in the pink）。」「他看待生命的方式很天真樂觀（rose-coloured glasses）。」「他生氣了（see red）。」「她氣得臉都脹紅了（red with anger）。」「嫉妒眼紅（green with envy）。」「氣得臉色發青（purple with rage）。」諸如此類。色彩一直在生活中的每個地方扮演舉足輕重的角色。為了瞭解顏色在住家的力量，要先了解什麼是色彩。

## 顏色是什麼？

顏色是太陽輻射的一部分。太陽光由無數電磁波組成，這些電磁波中

只有 1% 的電磁光譜會接觸地表。在這 1% 裡面，有電波、無線電波、短波紅外線、可視電磁波（顏色）、紫外線、X 光、伽瑪射線、宇宙射線。可見光（顏色）只占了波長電磁光譜中的一小部分。差別在於，顏色是我們肉眼可見，而其他電磁波的輻射是不可見的。人類發展出感知顏色的能力（而不是其他沒那麼繽紛的波長），意味著人類對於可見光的反應，自人類存在以來，不斷慢慢演變，而我們對於光的反應深深嵌入神經系統。

　　可見電磁光譜中，最長的波長（最低的頻率）是紅色光，最短的波長（最高的頻率）是紫色光。其他顏色都處於這兩端的顏色之間，它們之間沒有明確的界線，互相融合，宛如彩虹的顏色。每一道顏色和光，都能夠對我們的身、心、靈產成巨大的影響。

## 顏色如何影響我們？

　　諾貝爾獎得主暨維他命 C 的發現者阿爾伯特 · 聖捷爾吉（Albert Szent-Györgyi），透過實驗得出了意義深遠的結果。他在實驗中，用不同色光照射特定的酵素和荷爾蒙，確定挑選過的色光會造成酵素和荷爾蒙產生分子變化。如果不同色彩會影響酵素的分子結構，難道色彩對我們不會造成非常大的影響嗎？其他研究者發現到，某些顏色可以提升酵素反應的速率，而有些顏色會降低酵素反應。同樣，有些顏色會影響酵素的活動。

　　瑞士色彩學家麥斯 · 盧塞博士（Dr. Max Luscher），研究人們的色彩喜好。他最後的結論是，每個人對於顏色的反應有超越文化差異的意義，深深根植在腦海裡。他認為色彩喜好暗示人們的心理狀態，以及可能的腺體失衡。

　　即使是視障者也會受到色彩影響。在俄國進行的實驗，證實有些視障者可以透過手指辨識色彩。例如，有些視障者說，他們感知到紅色是溫暖、粗糙、刺痛（所有色彩的表面溫度，測量出的溫度是一樣的），而藍色感覺平靜、涼爽。這表示，顏色不只透過視覺影響我們，還會影響我們的能量場，就算我們閉上眼睛睡覺也一樣。

　　重複的研究都證實暴露在溫暖的顏色，例如紅色、橙色、黃色，會提高血壓、脈搏速率和呼吸速率，而暴露在綠色、藍色、黑色，則會降低血壓、

脈搏速率和呼吸速率。

## 色彩療癒

　　古埃及人被認為是第一個使用色彩療癒的民族，而希臘人只用特定顏色療癒不同的病痛。在我們的時代，顏色正用於醫學用途。產房會用藍色光療癒新生兒的黃疸。60%的新生兒會有黃疸，這是因為黃色的化學物質在體內累積，導致皮膚變成黃色。如果不療癒，可能會造成腦部損傷，甚至死亡。用藍光治療黃疸，非常有效。在發現色彩療法前，黃疸唯一的治療方法是風險比較大的輸血。

　　美國用粉紅色的牢房鎮靜囚犯的情緒，這個案例證實了顏色會影響人類的感受。在牢房裡漆上鮮明的亮粉紅色，能夠在幾秒鐘內達到鎮靜暴力犯的效果。幾秒之內，他們肌肉的力度就降低了，表示顏色能影響肉體和情緒。這是創新的發現，因為在這之前，監獄對付囚犯的暴戾之氣，是用鎮靜藥物或以暴制暴的方式。

## 顏色會影響情緒

　　我曾經被請去一戶人家進行住家淨化，因為那對父母擔心孩子的房間有靈體或鬼魂。那個男孩是敏感的少年，他會做惡夢，變得跟平常不同，表現過動。當我問了這戶人家來龍去脈，他們說，這個問題從男孩搬進之前空著的書房後就開始了。男孩原來的房間太小，所以父母決定要把他的房間讓給新生嬰兒。

　　我立刻認為這是因為男孩心理上很難適應新生兒的出現，還被迫搬離自己的房間。雖然這戶人家認為肯定是靈體干擾（把所有遇到的困難都推卸到鬼魂上總是很簡單），我認為，也許男孩因為搬離自己的房間，覺得被取代，才一直做惡夢。我跟男孩談一談，他幾乎沒有透漏任何（表意識）對於新生兒的異常擔憂，我檢查他現在的房間，也沒有任何鬼魂的殘留能量。但我立刻注意到褐紅色的牆壁，牆壁的顏色看起來很有壓迫感、耗盡能量。我找到問題的來源後，就請他們把男孩房間的牆壁漆上明亮、乾淨、清澈的藍色（同時也讓男孩一起參與決定的過程）。

我很開心的跟大家分享，重新裝潢後，男孩立刻回到了原本的平靜和快樂的性格。他睡得安穩，再也不會做任何惡夢。從心理上檢視這個狀況，可以說這是因為他的父母幫他粉刷房間，開始注意他的狀況，讓他更有安全感。但我個人認為，簡單改變房屋的顏色，會讓一切都不一樣。

## 家要用哪種顏色？

「我的意識光譜和光的光譜並不是分離的。」

### 紅色

紅色激發肉體的直接行為。力量、勇氣、堅定、健康、精力、性欲，都是跟紅色密切相關的屬性。紅色非常具有生命力和激勵的能量，可以協助我們克服懶惰、憂鬱、恐懼、失眠。紅色也能大幅幫助那些害怕生活、想要逃避的人。紅色是力量、動力和頑強。紅色是腎上腺素、火焰、熱情、驅力的顏色。紅色是肉體能量，是熱情、勇氣、刺激。紅色提供必要的能量和動機，以實現目標。紅色是「行動」的顏色，是「現在就完成工作！」的顏色。德州一所大學針對運動員進行的研究顯示，看著紅燈會提升13.5%的力量，激增肌肉中5.8%的電子活動。這表示，紅色會激發活力和體力。

紅色並不適合臥室，因為你很難在這激勵的色彩中得到休息。但你也許渴望在紅色臥室裡有更多感官刺激。紅色的餐聽會激發食欲，如果你在節食，紅色或許不適合。紅色在工作室、健身房，甚至客廳，會激發運動和行動。如果你在生活中習慣拖延，有時感到懶散，粉刷一面紅色的牆（用深紅色、大紅色，甚至是熱情的紅色或鏽紅色，而非用暗褐色或灰紅色），準備起飛吧！

### 橙色

橙色是溫暖、激發的顏色，但比紅色的振動更輕盈。橙色是快樂、社交的顏色。世界各地的小丑都愛用橙色。橙色激發樂觀、擴展、情緒平衡、自信、改變、奮鬥、自我動力、變動性、熱情、社群意識。橙色像火焰般，溫

暖心靈，是包容和社交的顏色。

橙色適合在舉辦團體聚會或社交、娛樂的空間，適合任何要舉辦派對的房間。我的餐廳之前是奶油灰，而我的家人從來不想在那裡用餐。當我在餐廳漆上南瓜色，也沒有跟任何人說這樣做的原因，但孩子突然開始在餐廳讀書。餐廳有了投射的能量，似乎變成每個人都會去「待著」的空間，更別提潛意識中大家想要在那裡用餐。儘管我知道色彩的力量，每個人對於空間能量的改變，反應如此迅速，依然讓我驚訝。

### 黃色

黃色激發才智以及溝通。這是最後一個溫暖、外向的色光。黃色跟心識、組織、注意細節、評價、積極才智、學術成就、紀律、管理、讚美、真誠、和諧有關。因此，黃色給予高度表達和自由，對專注和清晰的思考有幫助。黃色是激發彈性和適應轉變的顏色，也與好運有關。

在家工作的人很適合用黃色。黃色也適合用在想要提升心智，希望能激發對話交流的任何空間。黃色廚房會變成親朋好友的聚集處，通常會創造出安好的感覺。在家中進行諮商的人，可以把諮商室漆成黃色，它會讓人們願意開口說話，同時也帶入振奮的感受和樂觀。明亮的黃色也適合用在小孩房，因為它能促進正向的感受，同時也幫助培養思考過程。

### 綠色

綠色是光譜的平衡點，兩邊是紅、橙、黃的暖色系外向光譜，以及藍、靛藍、紫的冷色系內向光譜。因此，綠色激發平衡、和諧、和平、希望、成長、療癒。大自然四處都能看見綠色，綠色象徵豐盛、宇宙的補充之力。綠色提醒我們，我們總是擁有足夠的資源。醫院裡的醫護人員常會穿著綠色。綠色是非常好的顏色，因為它代表休息和療癒。

綠色也適合用在任何房間，它代表休息，又能補充精力。我通常喜歡在浴室妝點綠色，綠色的毛巾、綠色植物，甚至是常綠樹的樹枝裝飾，或者是綠色的牆。因為浴室象徵淨化和更新，綠色最適合這個空間（更多資訊參見第 11 章）。你浴室中使用的綠色，應該要是明亮的泉水綠，或是清澈乾淨的

葉綠色，而不是暗綠色或灰綠色。

### 藍色

藍色是冷色系光譜的第一個顏色，它刺激你尋找內在真理。藍色幫助你獲得內在平靜，活出自我。藍色啟發靈感、創意、靈性知曉、信仰、奉獻。藍色給予溫柔、滿足、愛心、沉靜，它也用來減緩疼痛。1982 年，雪倫·麥當勞醫師（Dr. Sharon McDonald）指導一個研究，實驗對象是六十位患有風濕性關節炎的女性，她想看看顏色會不會影響疼痛。實驗結果是藍色光會大幅減緩疼痛。

溫暖明亮的藍色臥室，適合讓過動的兒童靜下心來。藍色也很適合用在冥想室或臥室，以及任何你想要平靜瀰漫整個氛圍的空間。

### 紫色

跟藍色一樣，紫色的效果是帶來鎮靜、平靜、舒服。紫色幾乎都與靈通力覺察和直覺有關聯。當一個人最愛的顏色是紫色時，他通常比較抽象、靈感充沛、信任未來，能夠調頻進入他人的內在世界。紫色激發我們的靈性洞察與直覺。

紫色的力量很強大，我不建議用紫色漆滿整間空間，最好是在白色房間或綠色房間，甚或是黃色房間，用紫色加強一下就好。或是，可以在白色油漆內加入一點紫色，讓顏色帶有薰衣草或紫羅蘭的淡淡色彩，這顏色很適合用在冥想室或是你進行療癒的空間，特別是靈性療癒。對我來說，冥想室的實際顏色非常重要，因為房間的顏色會影響你待在空間中的感受。我最後重新粉刷了冥想室三次，直到我「感覺」自己刷出完全正確的紫色，就是帶有一些藍色的紫水晶色。我的冥想室裡，也粉刷上充滿生命力的金色點點，剛好平衡紫色。薰衣草色的房間也很適合康復中的病人居住。

### 白色

白色廣納了所有的顏色。白色的振動是最快的光譜波長，它對人類的影響是神聖領悟、謙遜、創意的想像力。白色也有淨化的效果。它是能夠轉化

想像力焦點的能量和力量。白色引領我們向上調頻到更高的靈性層面，以及神聖之愛。白色是純潔、完美，是很好的療癒顏色，適合每個空間，因為它蘊藏轉變的力量。

白色非常適合使用在房子裡的每個房間。但如果你有個全白的房間，加上全白的陳設，會感覺太過枯燥——可能會很冷漠、也不吸引人。白色的房間感覺很乾淨和清明，但除非這個房間只用來當冥想室，否則我建議你一定要在裡面擺放有顏色的陳設和照片，或者把白色染成桃色、金色或藍色的色調。有一陣子，我們短期租了一間備有家具的房子，白色牆面、白色地毯，甚至是白色家具。這是非常精美的家，我很喜歡待在裡面時身心提升的感覺，但我的朋友說他們在裡面覺得不舒服，因為看起來太冷漠了。使用過多的白色，會使房子似乎枯燥、也難以親近。

## 黑色

黑色是神祕、未知，它是願景和夢境的國度。黑色內斂，而白色外放；黑色收縮，而白色擴張。黑色是冬日裡的黑暗，生命進入冬眠接著成長。黑暗之後，便是新生。黑色吸收，而白色發散。黑色是寂靜的顏色，是結束和開始。一天的結束和開始都是黑色。某些文化中，修士、僧人、祭司、哀悼者會穿著黑色，因為這是內斂的顏色。黑色將意圖集中到內在世界，無論是追尋靈性領域，或是處理哀傷情緒。

在房間使用大量的黑色，會太有壓迫感，甚至讓人心情低落。然而，黑色的房間擺設為空間帶來戲劇性和力量，會強調房間的特點，像是在畫面中描繪出顏色，可以凸顯該顏色的特點。沒有所謂不好的顏色，每一個顏色都有特別的品質和力量。我就讀大學時，曾經歷一段艱難的時期。那段時間內，我把地下室的房間、衣櫥、書桌都刷成黑色，甚至我的床單和房間內大部分的東西都是黑色。因為我住在地下室，房間沒有窗戶，你可以想像這個房間非常黑。我那時很愛我的房間，待在裡面覺得很舒服。現在回頭看，我想，當時的房間是我的避風港，讓我可以蜷居在裡頭，遠離讓我不堪其擾的一些生活問題。那是我可以回到內在、安靜下來的地方。但對於多數房子來說，大量使用黑色的房間會讓人難以居住。

## 房間的色相、色度、色調

顯然，世界上有比七色彩虹還多的顏色。舉例來說，那麼銀色、金色、粉紅色、藍綠色、褐色、灰色的意義呢？那麼顏色的不同色度和色相呢？顏色是非常個人的喜好。特定顏色的色度是亮一點還是暗一點，都會產生極大的差異，影響一個人對顏色的感受。我提供以上的顏色資訊只是個起點。

考慮粉刷房間時的最好做法，就是運用你的想像力。安靜的坐在房間，感覺它的能量。接著想像（如果你不是視覺型的人，就用感覺）不同色調和色度的顏色出現在房間。想像每個顏色搭配這個房間，讓你有什麼感覺。你甚至可以詢問房屋大靈想選擇什麼顏色。接著走到油漆店，仔細在顏色樣本中找到跟你的選擇相似的顏色。選了顏色之後，最好是先買少量回家，粉刷一小部分的牆壁，在大量粉刷前先看看感覺如何。我們通常很難從一小片油漆樣本看出整個房間粉刷起來的視覺效果如何。

## 選擇油漆

雖然油性漆會對環境造成汙染，但就它的整體能量品質來說，油性漆吸收並維持能量的效果比水性漆好太多了。缺點則是，如果你搬的房子是用油性漆粉刷牆面，比起水性漆，這些牆壁會殘留更多前住戶的能量場，也就需要更嚴謹的淨化。由於清潔上很麻煩，再加上礦物油的氣味不好聞，有些人會傾向使用乳膠漆。

理想上，當你粉刷一個房間時，先花一些時間補充油漆的能量。你的意圖專注於，能量會從粉刷過的牆面擴散充滿整個房間。補充油漆能量的方法，就是把雙手放在打開的油漆罐上方，感覺能量流經你的雙手進入油漆中。

你選擇的油漆品質對於粉刷後的牆面，會造成整體感受上的一些差異。平價的油漆褪色的速度比較快，所以你小心選出來的顏色會很快改變，特別是暗色系。另外，有些優質油漆的色彩比較濃，覆蓋效果也比較好。

## 彩色玻璃

還有另一種把色彩魔法帶進你家的好方法，是在窗戶懸掛彩色玻璃裝飾品。或者，你甚至可以考慮安裝彩色玻璃窗。色彩的力量，會因為陽光穿透彩色玻璃後放大。如果要善用彩色玻璃，可以的話，把彩色玻璃放置在陽光真的能夠照進來的地點，把閃閃發光的色彩照進你家。

## 彩虹光

另一種把色彩力量帶入家中的方法，是在窗戶旁放置稜鏡或水晶。這是顏色最純淨、燦爛、優美的形式，是無盡光芒的放射陣列。你的氣場會從彩虹色光中自動汲取它需要的顏色。站在彩虹光中，知道自己的身體和氣場正在吸收當下所需的色彩。不是世界各地都受到陽光的祝福，所以現代科技發明了彩虹電動製造機，甚至可以在最黑的夜晚製造出彩虹。這台機器也適合放在孩童的臥室，因為它們不會點亮整個房間，只會在遠遠的牆或天花板投射出美麗閃閃發光的彩虹光。我常常會在晴天放一些琢面切割過的水晶在窗戶旁，讓房間布滿彩虹光。這特別適合放在療癒室窗旁。平坦有大片琢面水晶能創造大片清澈的彩虹，只有小琢面的水晶則達不到。

## 顏色水

另一種結合光與顏色的方式，是把顏色水倒進碗或花瓶裡。在清澈的玻璃容器中，簡單加入幾滴食用色素，放在窗邊，就可以讓顏色的力量注入你家。在水和油中加入色素作為療癒用途，已經被靈性彩油（Aura-Soma）和彩光（Aura Light）公司發展成一套近於藝術品的形式。

# 全光譜照明

你家的照明設備會對你的感受帶來巨大的差異。待在由日光燈泡或柔和白熾燈泡點亮的兩個房間，感覺上差異非常明顯。不止如此，研究證明，日光燈不只會影響你的情緒，還會影響你的身體健康。

備受尊敬的照明研究專家沃特博士（Dr. John Ott）做過實驗，研究全光譜照明對人類的影響。在佛羅里達的學校裡，兩個環境一樣的教室裡裝了兩種不同的照明方式。一間教室使用一般的日光燈泡，另一間則使用沃特博士發明的全光譜 Vita-Lite 燈泡。接受日光燈照射的學生，表現出過動、易怒、疲勞的反應，難以專心聽老師講課。接受全光譜燈泡照射的學生，在學業表現上比較好，比較平靜，而且他們發生蛀牙的比例是冷白日光燈教室裡學生的三分之一。

其他科學家也做過類似實驗，得到同樣的結論。生活在全光譜照射下的雞，會大兩倍，下更多蛋，更平靜，蛋裡的膽固醇比起生活在其他照明設備下的雞所產的蛋，下降了 25%（人類的膽固醇含量在太陽光和全光譜照明下也會降低）。你家的照明對你的健康和情緒有強大的影響。白熾燈泡雖然比日光燈泡好，也是全光譜燈泡的次級替代品，因為白熾燈泡缺少了光譜的一部分，沒辦法照射出紫外線光。

如果大量照射來自太陽的紫外線光，會造成傷害，但少量的照射對於我們健康和健全來說很重要。夏日的正常光度是十萬勒克斯（lux）。一勒克斯約等於一枝燭光，而正常的室內環境大約是六百到七百勒克斯。當我們花太多時間待在室內，我們只接受到一小部分身體天生需要接收的光。真・金博士（Dr. Zane Kime）在《日光》（*Sunlight*）一書中提出，經常曬太陽會減緩心跳速率、血壓、血糖、呼吸速率、乳酸，同時會增強體力、能量、抗壓性、血液吸收與含氧的能力。紫外線也能幫助降低血壓，增加心臟效率、降低膽固醇、增加性荷爾蒙含量、啟動維他命 D 與鈣質接合（這是人體吸收鈣質的先決條件）。

大部分的白熾燈泡有明顯的黃色、紅色和紅外線光，這很不自然，這也就是為什麼你家的照明會讓家裡有時候看起來昏暗或黃黃的，而且會讓你變得疲勞。雖然全光譜燈泡並不便宜，但如果購買一些用來增強家中的照明，會很有價值。你將立即感覺到家中整體能量的差異。

# 季節性情緒失調

近代研究調查出，光的減少會導致季節性情緒失調（Seasonal Affective Disorder）。這種病症據說影響了五百萬的美國人。症狀發生在冬季，人們待在室內，日照不足，病徵是憂鬱、疲勞、體重上升，有時候會有嚴重的退縮現象。1987年，美國精神醫學學會將季節性情緒失調列為真正的情緒失調症。

季節性情緒失調的處方療程就是光療。讓病患接受又強又亮的全光譜照明，亮度比正常的家庭照明還要亮非常多，一天要照射整整兩小時，就可以達到驚人的成效。通常只需要一週或更短的治療時間，病人的狀況就會大幅改善，表示他們感覺心情提升、有生產力、「再次重生了」。我提到這點，是因為就算你沒罹患季節性情緒失調，你依然可以在家中進行這樣的照明，獲得正面的幫助。季節性情緒失調最好的處方，就是去買一盞明亮的全光譜照明設備。

# 你家的電磁場

我的青少年時期都待在美國中西部。我愛夏日，我喜歡看著金黃色麥穗在溫暖的午後搖曳，閃閃發光。我喜歡在悠閒的溫暖夜晚，看著柔軟的螢火蟲在草上飛舞。我喜歡「指向植物」（compass plant），某些地方又叫它們為「領航植物」。指向植物是野生的向日葵，如雛菊般的黃色花瓣，可以長到十呎高。最特別的是，比較低的葉子會在莖的一邊根據南北磁軸排列。

這種校準地球南北磁軸的現象，不是只發生在植物界。許多動物和細菌也會朝向地球的電磁場。科學家發現許多鳥類和蜜蜂的大腦中有地磁感應器，科學家在牠們的體內發現許多微小的磁鐵礦。其他研究員也認為人類同樣會回應周遭環境的電磁場。

我們都默默受到周遭的電磁場影響，有時候影響則很明顯。電磁場會不斷支持與影響我們。過去的巫士，不需要科學研究佐證就知道這件事。世界各地的薩滿能感覺四大方位的魔法和神祕力量，他們會在儀式中榮耀四大方

位。他們能憑直覺感受到地磁的引力，也知道世界上的電磁場影響所有的生命。他們不需要科學家告訴他們地下有隱藏的能量流，形成軌跡、靜電場和負離子的聚集；他們也不知道瀑布、山頂、雷雨會產生有益的電子效果。他們只是知道這些都是活生生宇宙中的神聖現象。

我們每一天都受到電磁場影響。電磁場是由經過你家的電能產生，由照明設備、電器用品、住家辦公室設備、在你家進出的電線產生。我在一次教導兩百人的工作坊中，開始注意到電磁場的效應。在這場工作坊中，我注意到空間內有兩個區域的幾個人在接受冥想引導的過程中，變得情緒起伏很大。我發現這兩個區域剛好對應到喇叭的擺放位置。

下一場冥想前，我把喇叭移動到別的位置。再一次，我注意到只有靠近喇叭的參與者才會變得情緒低落。我推估是因為喇叭傳出來的聲音太大聲，我把其中一個喇叭關掉，才進行下一場引導冥想。但在兩個喇叭旁邊的人群一樣在練習時有很大的情緒反應。無論我怎麼移動場內的人，讓不同人坐在喇叭旁邊，我總是得到一樣的結果。我最後的結論是，參與者是受到喇叭的電磁場影響。

當然，正常人在喇叭旁邊不會變得情緒化，但當他們處在深層的冥想狀態時，他們對能量的反應就會更加敏感。一次又一次，我發現當參加者進入深層的冥想，他們會大幅受到電路的影響。就算電路埋在牆壁裡，表面看不到，也會對他們產生負面影響。

大量的電線穿梭在我們的住家裡，因為我們極度仰賴電力。我們的身體由不同的能量場組成，身體內在的宇宙和周遭外在的宇宙不斷互相影響。當我們的身體遇上強大的外在電磁場，就會影響人體物質能量場中的虛弱成分；當我們整體的能量場朝著同樣頻率的強大能量移動，這就稱作「生物振盪」（biological entrainment）。靈性上來說，這些效應會造成嚴重的傷害，因為我們的精微能量場非常容易受到電磁能量影響。純粹以物質層面來說，這會影響我們的視覺、聽覺、情緒和我們的免疫系統。瑞典的研究結果表示，參加測試的孩童處在提升強度的電磁場中，發現他們罹癌的風險是一般孩童的兩倍高。持續暴露在電磁場中，就會引發多發性硬化症和其他重症。

雖然市面上有許多設備宣稱可以中和電磁場，但我不相信。我知道有兩

種方法可以降低家中電磁場的量。一個是減少使用家中的電力，特別是電視、日光燈、微波爐、家電用品、馬達、電話、吹風機、電熱毯。第二種方法比較實際，也就是遠離電磁場的來源。如果你靠近電器用品，你處於風險的機率遠高於遠離電器物品。離電視三公尺遠，會比離電視九十公分來得安全。睡覺時頭部或身體最好也不要太靠近電磁場。例如，不要把數位電子鬧鐘直接放在頭旁邊睡覺。

　　找出你家哪裡有電磁場的最佳方法就是用「磁強計」（gaussmeter），方法很簡單，器材也很平價，可以精準測量出家中的電磁場位置。磁強計能夠幫你測出家中哪些地點有高強度的電磁場，也會告訴你最小的安全距離，保護家人和每個能量場。

　　由於我們已邁入新的千禧年，會有更多人開始了解光的所有形式，以及了解我們就是以外在形式顯現的光。當我們認知到內在的光，我們運用並吸收周遭的光的能力會擴展。從我們來自的光和日後將歸去的光中，我們體現著光。知名的物理學家戴維・玻姆（David Bohm）說得很好：「所有事物都是凝結的光。」

# 13

第13章

# 用風水改善住家的
# 能量流動

我坐在人生中第一間公寓的中央。一排奇怪的二手座椅、傾斜的檯燈、未拆封的箱子、破爛的地毯,堆在我身邊。突然,我開始把家具移來移去。我把一盆植物放在一個角落,把小地毯丟在房間另一端,心血來潮的把海報和畫掛在牆上。

霎那間,我停下來,望著周圍。完成了!房間的改變讓我感到驚喜。似乎每件物品都有完美的擺放位置,而在神奇的一瞬間,我發現了每件物品神祕的正確位置。我感覺自己幫房間「調音」,好似房間是一把優良的小提琴,只有調整好每一條弦,才能演奏出完美的音樂。

我的公寓在「歌唱」。每件物品都待在完美的位置。原本看起來沒有靈性、不吸引人的破舊家具,現在似乎都綻放出內在的美麗。這是我第一次進行我稱為「直覺風水術」的經驗。

擺設的藝術並不是新學說。這神祕的藝術在中國古代已經實踐了好幾千年，稱為風水，主宰中國陽宅的位置，以及屋子裡的物品陳設。風水，從字面來看，就是「風」和「水」。中國人不認為建築物是沒有生命的物體。他們相信建築物會散發能量場，萬事萬物之中的能量稱為「氣」。

人們走進一間建築物時，通常都會自然的辨識能量場。可能有寒冷、顫抖的感覺，或者有收縮、放鬆、擴張的感覺。就算不相信靈通現象的人，也會因為房屋的能量而產生明顯反應。你在建築物裡待得越久，建築物的氣就越會影響你，所以風水才被認為是很重要的「擺設藝術」（the Art of Placement）。

雖然目前最廣為人知的是中國的風水系統，但其實許多古老文化也會運用風水。不同文化的系統都同意擺設很重要，但在細節上各有不同看法。舉例來說，韓國人選房子時，不會要往上走三階以上才能到門口的住宅，而日本人認為連接兩條街道的轉角，不是適合居住的地點。

中國的不同地方，也有各自的風水傳統。有些地區認為門口朝東最吉利，而其他地區認為門口要朝南。擺設藝術是從不同文化和地理位置發展的。因為能量、傳統、信仰體系有所不同，有些中國風水系統的部分，在西方世界通常並不適用。但儘管如此，了解這些古老技藝背後的基本原則，還是很有意義的。

# 風水的不同流派

在中國，風水的不同流派都有自己的優點和妙處。以下是幾個學派的簡單概述。

## 堪輿派

堪輿派是結合周遭環境的地貌，根據建築物的外形和房間安排來看。每種地形都會散發生命力，這些地形會影響房屋的能量場。舉例來說，桌子的不同外觀會影響附近人的能量場。方形和矩形，屬陰（陰陽表格，參見第188頁）。因為陰的外觀被認為能吸收能量，人們在方桌旁談公事，會比在

圓桌旁坐得更久。圓形屬陽，會把能量轉走，所以人們在圓桌旁待的時間就不如方桌。

## 玄空飛星派

　　這一個流派的理論奠基於宇宙，使用一種叫做「羅盤」的特殊地理指南針，檢查一個家跟行星、星辰、太陽、月亮、元素和方位的關係。風水師會用這樣的方式，讓房子和家中物品坐落在適合宇宙和天地能量的位置。舉例來說，你家大門的方向有很重要的意義。門朝東，代表家庭凝聚；門朝南，代表事業成功；門朝西，代表喜悅和孩童；門朝北，代表打開一個人的內在命運。

## 象徵派

　　第三個流派會追尋一個人周遭的物品和符號的意義。每一個符號，無論是基督十字還是印度曼陀輪，甚至是畫下三角形，都具有特殊力量。當一個人進入有符號的房間，那個符號的力量就會啟動。不斷進出那個房間後，該符號就會在他的生活中呈現力量。

## 理氣派

　　第四個流派稱作理氣派。這個流派的風水師會進入房屋，「解讀」房屋或空間能量，就像針灸師會依把脈下診斷。現代的風水師也會解讀電波，例如電磁場或微波輻射。理氣派的方法，更著重直接接觸房子，而不是倚賴一些特定規則。

　　當理氣派的風水師被請去選擇房屋的吉位，會考慮到這些因素：地形、樹的位置、水的地點、鄰近的建築物、該地點的歷史。設計新建築物或研究現存的建築物時，風水師會注意到房子和房間的外觀及陳設，以及門窗的方位。房子蓋好後，風水師會再次指示床、書桌、爐灶的方位。在中國，房子就像是人的身體一樣，窗戶是「眼睛」，門是「嘴巴」。氣（能量）會隨著室內結構在房屋內流動。房間的設計以及家具的方位，要不是適合能量流動，就是會妨礙能量流動。如果流經房屋的能量很好，住在裡面的人也會身

體健康、運勢佳。

## 陰陽

要了解風水的話，就一定要先知道陰陽的中國哲學。這套哲學將生命視為宇宙中兩道對立又和諧的力量之舞。據說，一個人要平衡，這兩股力量就要調和。而家要平衡，每個房間內的陰陽也要調和。

以下是陰陽屬性的例子：

| 陽 | 陰 |
|---|---|
| 男性 | 女性 |
| 外放 | 內收 |
| 光明 | 黑暗 |
| 移動 | 沉靜 |
| 上升 | 下沉 |
| 擴張 | 收縮 |
| 炎熱 | 寒冷 |
| 白色 | 黑色 |
| 山峰 | 河谷 |
| 直線 | 曲折 |
| 太陽 | 月亮 |
| 線性 | 循環 |
| 放射 | 接收 |

如果房間的陰性能量太多，顏色會非常黑暗，總是寒冷、光線不佳。在這房間裡面，你會感覺非常拘束、壓抑，最後可能會生病。反之，如果你待在很多窗戶、光線太多、房間全白、非常溫暖，你的陽性能量可能會太多，流失過多的能量。在這樣的房間裡，你也會容易生病。如果房間要平衡，就必須在生活中達到陰陽調和。

## 用風水改善住家的能量流動

以下是根據風水原理，你可以用來改善住家能量流動的一般指南。

### 大門

大門附近的區域、大門內的物品、進入你家後看到的第一個房間，都非常重要。你家的主要大門，是流進你家的主要能量入口。樹或電線桿直接擋在門前，會干擾能量流入你家，也可能會在你要做任何事的過程中產生阻礙。你家的主要入口，一定不能有任何障礙物。

你家的任何門（尤其是前門），打開時要能靠牆；門打開後不靠牆，會阻礙能量流動。如果住在許多門打開後都沒靠牆的房子裡，可能會發現他們常便祕，抱怨他們的生活卡住了，就好像他們做的每件事情都被一道牆擋住去路。解決方法是重新安裝房門，讓它打開後可以靠向牆的那一邊。如果無法重裝門，可以在門打開朝向的牆上，掛一面鏡子，讓能量進入空間時更容易（見圖一）。空間越大，鏡子就要越大面。

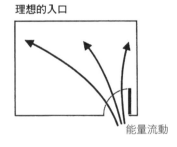
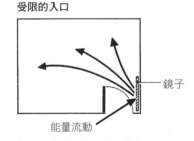

理想的入口　　　　　　　　　　受限的入口

能量流動　　　　　　能量流動　　　　鏡子

解決方法：把鏡子掛在牆上

**圖一**

理想上，大門應該要通往明亮的門廳，或溫暖、愉快的空間。入口的能量會影響整間房子的能量。你的大門越吸引人，你的家就越能支持你、滋養你。如果你的大廳比較小間，可以在門口放些有強韌生命力的盆栽，掛幾幅激勵人心的照片，裝上好的照明設備和鏡子，這樣可以增加光線和空間感。

　　在中國，如果大門打開後直接面對廚房，那麼整個房子就會偏重在食物，這可能會導致家庭成員的體重過重。如果大門打開後面對臥室，住在裡面的人可能容易疲勞、嗜睡。如果大門面對浴室，住在裡面的人會覺得他們的財運都沖走了。如果你的大門面向廚房、浴室、臥室，你可以把風鈴掛在入口與上述空間的中間地帶。或者，如果門口直通臥室，可以把鏡子掛在臥房門上，讓能量轉向。

## 改善居家風水的解決方法

1. 如果房間內有柱子，這會干擾能量流動。
   **解決方法**：如果是圓柱，可以用布料把柱子包起來，和緩效果。如果是有角的方柱，可以在周圍放鏡子，稀釋對能量流的干擾。最好是讓鏡邊對著梁柱的銳角。

2. 如果房間有突出的角，就會製造困境，因為銳角會暗中切除住在裡面的人的能量，住在裡面的人可能會受到不應得的批評。
   **解決方法**：把鏡子掛在銳角的每一邊，或是放一盆植物在銳角前方。或者，你可以在銳角前方掛上風鈴或水晶球。

3. 樓梯的每一階不是直直往上，而在中間有間隔，這樣會阻擋能量往上流。
   **解決方法**：放盆栽在樓梯底下，幫助氣往上流。

4. 天花板太低，會有壓迫感和拘束感，讓住在裡面的人變得憂鬱或頭痛。
   **解決方法**：在牆上盡量掛鏡子，創造擴大的空間感。

5. 天花板太高，會讓人的能量發散、不集中。
   **解決方法**：懸掛飾品、水晶或風鈴，讓天花板變低。

6. 窗戶是房子的眼睛。理想上，窗戶應該向外開，或朝內開，而不是用上下拉的方式，因為這會讓更多氣流入房子。在中國，破碎的窗戶是不好的預兆，住在裡面的人的眼睛會出問題。
   **解決方法**：盡快修補窗戶。

7. 在中國，浴廁代表水（象徵錢財）離開的地方。廚房代表財富，所以浴廁不應該面向廚房，否則家庭的財富會流失掉。

　　**解決方法：**在浴廁的門外放一面鏡子，或者是在浴廁和廚房之間掛上水晶。

8. 空間的梁柱如果橫掛在床頭、爐灶或工作場所，都會阻礙能量流。人們會因此變衰弱，或生病。

　　**解決方法：**可以移動床位或辦公桌，或者掛些東西在梁柱上，瓦解它的能量。中國人會在梁柱的兩端掛上兩支竹笛，較低的那支對著牆。據說這可以釋放梁柱的壓迫能量。

9. 風水的基本原則，就是看前住戶的運勢。如果前住戶的運勢好，你的運勢也會不錯。如果前住戶的運勢低落，後來的住戶也會如此。當然，這看起來可能只是迷信，但許多古老的傳統都是奠基於世世代代的觀察結果。

　　**解決方法：**搬進去前，進行大型的空間淨化。

**改善不吉利的廁所方位**

中國風水會注意廁所的位置。如果你的廁所位在「不吉利」的方位，以下是幾種解決方法：

1. 馬桶不用時，請闔上馬桶蓋。
2. 套房裡的廁所門要關上，並在廁所門外掛上鏡子，讓能量轉向。
3. 如果廁所有窗戶，可以掛上球形、多面的水晶，讓它盡可能為房間帶入更多彩虹光。

# 八卦系統

就像腳底反射療法有一張腳底圖，指出腳的各個部位對應了身體那些地方，風水師也會使用九宮格的「八卦」系統，指出房屋中的各個區域對應到你生命中的哪些靈性面向。我個人認為，八卦是眾多風水流派裡最有幫助的系統。

　　圖二是一張八卦圖。使用方法很簡單，只要把中間那一格對應到你家平面圖的中央，八卦圖底邊則對準你家或公寓大門的位置（你是從「內在知識」、「事業」、「貴人」哪區進入？）。你家的每一個區域，都對應到這張八卦的某個宮位。以下是每個宮位的詳細資訊：

| | | |
|---|---|---|
| 財富<br>祝福<br>豐盛 | 名聲<br>自我表達 | 關係<br>婚姻 |
| 家庭<br>祖先<br>遺產 | 健康 | 子女<br>成果<br>計畫 |
| 內在知識<br>自我領悟 | 事業 | 貴人<br>天使 |

**圖二　把這個八卦圖疊上你家的平面圖。看看打開你家的大門後，是走進內在知識、事業或貴人宮？**

## 事業宮

　　建築物中的這個區域，跟你的人生道路、事業、創意或是你花最多時間進行的事物有關。如果你的大門位於中央，事業宮就會是你的大門入口。如果你沒有事業宮，你在工作上就難以進展。為了幫助你的事業起步，在事業宮掛上大面鏡子、放一盆生機盎然的植物，也可以在這裡掛上水晶。

### 貴人宮

這個地方非常適合放聖壇，你可以燃燒薰香，祈請神祇和天使。如果你正在著手一個案子，需要有人幫助，在貴人宮放一面大鏡子或是水晶，你會驚訝朋友圈和同事圈中有許多人打電話給你，提供協助。如果沒有貴人宮，或堵住了，你就會覺得不被支持，也很孤單。

### 子女宮

這個地方跟小孩、計畫或任何你創造的事物有關。如果你想要懷孕，把床位放在家中的子女宮會是個好方法；或是至少把床放在臥室裡的子女宮。如果你正在著手一個計畫，你想要有所收穫，將盛開的花朵（真花、或是花的畫作）以及跟計畫有連結的物品，放在這個位置。

### 關係宮

關係宮與婚姻、友情以及我們與他人的關係有關。這個地方很適合擺放成雙成對或是一組的物品，以及你與所愛之人的幾張合照。不建議把電視放在這個角落。如果房子沒有關係宮，有時候會製造出充滿問題的關係。

### 名聲宮

這個地方代表啟發、自我表達和你為人熟知的部分。如果這裡放了時鐘，你不是有準時的好名聲，就是以遲到出名。這個區域常常是房間的焦點。有時候你的廁所剛好在房子裡這個地點，你可能會名聲下滑，被沖走。

### 財富宮

這個地方跟財富、繁榮、好運、祝福、各式各樣的豐盛有關，而不只是跟錢財有關。這裡很適合放水族箱、裝飾品或是品質優良的堅固物品。如果你的廁所在這個位置，會非常不吉利，因為象徵了沖走財富。

### 家庭宮

家庭宮與父母、祖先、遺產、過往的影響有關。這裡適合放家庭合照、證書、過去成就的戰利品等等。

### 內在知識宮

這裡跟內省、冥想、內在指引、學習有關。這裡適合作冥想室、書庫、書房。如果你想要提升你的直覺、得到較高自我的指引，在家中這個區域的窗戶掛上水晶。

### 健康宮

這個地方與健康和生命力有關。如果你家這個位置的植物奄奄一息，或是灰暗骯髒，住在裡面的人就會有健康的問題。

### 缺宮

如果你家並不是格局方正的正方形或矩形，而是 L 形，就會有「缺宮」。中國人不會建造一個有「缺宮」的房子，但西方建築師在設計時並不會考慮這一點。在中國，住在格局不方正、有「缺宮」的房子會影響生活。舉例來說，如果房子裡沒有財富宮，可能就會遭遇財務困難。搬家後經歷財務狀況下滑的人，可能會發現他們的新家裡沒有對應的財富宮。

每一種缺宮都會帶來對應的困境。所幸，鏡子是這些問題的解決方法，因為在缺宮的那面牆掛上鏡子，會象徵性的把該區域的能量帶回你的生命中。鏡子要根據空間大小，越大越好，而且要框起來。未框起來的鏡子邊緣和尖銳的框會造成能量扭曲，就跟靠在牆上而非掛起來的鏡子一樣。

另一種補足缺宮的方法，是利用天然蔬菜、植物、庭院擺設等來填滿該區。缺宮可以用各種東西填滿（如果實際可行的話），延伸住戶在該區的存在。室外照明也是常見的解決辦法。

## 怎麼解決房屋有缺宮的問題

解決方法（1）：懸掛鏡子

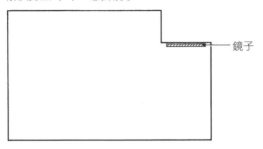

鏡子

解決辦法（2）：灌木叢和庭院擺設

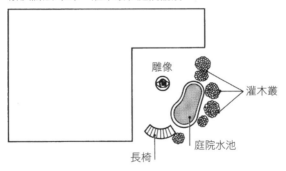

雕像

灌木叢

庭院水池

長椅

解決辦法（3）：面朝房屋的照明設備

面朝房子的
照明設備

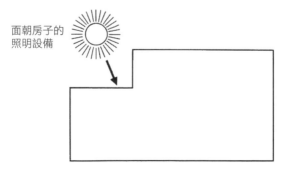

　　我發現，即便只是淨化或注意到八卦九宮格，都會產生滿意的成果。舉例來說，如果你的事業停滯不前，在你家的事業宮擺一座電動瀑布。讓水（象徵財富、創意、啟發）在事業宮流動，會幫助你的事業開始往前邁進。或者，如果你渴望在生命中有段愛情，在關係宮擺放象徵愛情的物件，像是一大盆玫瑰，或是兩個人勾著手沿海灘散步的照片。

　　倫敦的風水師，凱倫‧金斯頓（Karen Kingston）告訴我，有一位女性超過四年沒有一段戀情，當她把水晶掛在關係宮的窗戶後，她非常驚訝十分鐘之內就有仰慕者來電邀請她約會。一週之內，她就面臨要在兩位未來伴侶中二擇一的情況。

　　人們常常回饋說，在財富宮的窗戶掛上水晶後，收入、祝福、豐盛都越來越多。在貴人宮的窗戶掛上水晶，除了會帶來實際的幫助之外，也會有天使的指引和看不見的幫助（穿透水晶的光會啟動它們，所以水晶要掛在窗戶上，才會帶來其他能量）。

　　每棟建築物都有八卦方位，房子裡的每個房間也都有各自的八卦方位。對應八卦九宮格的方法，是根據房間出入口的位置。甚至你的書桌也有八卦，「大門」就是你坐著的位置（見圖三）。所以，如果你想要提升財富，就在書桌的左上角（對應到財富的位置）放一個水晶碗，象徵你收集著來自宇宙的財富；在書桌的右上角擺放家庭合照，收集情緒上的滿足感。要注意不要在這個角落的正下方，放垃圾桶。

## 直覺風水術

　　研究風水的任何一個學派都要花上好幾年，門外漢會非常困惑。然而，我相信在我們內心深處，有個直覺知識的浩瀚泉源，知道擺設的力量。我相信我們可以接通直覺的智慧，不需要花上數年的研究。

　　你曾經在房間裡移動家具，花時間「感覺」新的擺設方式如何，接著又重新移動家具，直到你「感覺」對了？或是你曾移動花卉的位置，而突然某個時間點，你就是「知道」放這邊就對了？在這兩個例子中，你就是運用了直覺風水術。對我來說，當新的擺放方式「對」了，我的呼吸就會更深層。

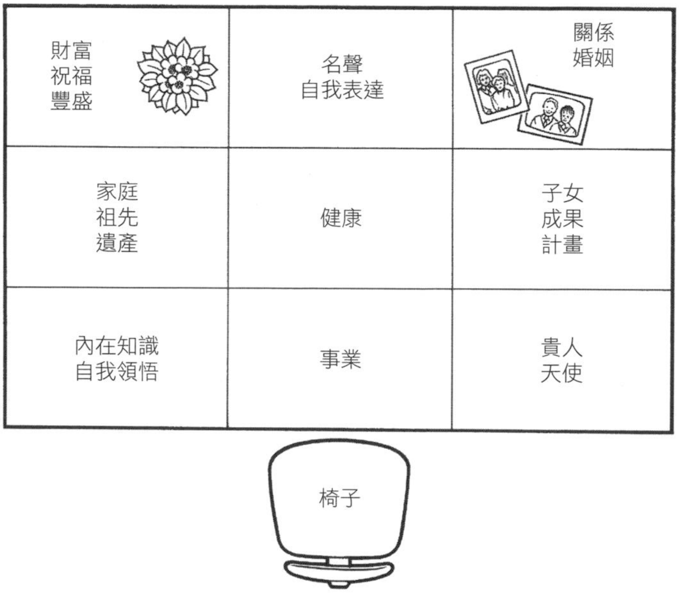

| 財富<br>祝福<br>豐盛 | 名聲<br>自我表達 | 關係<br>婚姻 |
|---|---|---|
| 家庭<br>祖先<br>遺產 | 健康 | 子女<br>成果<br>計畫 |
| 內在知識<br>自我領悟 | 事業 | 貴人<br>天使 |

椅子

**圖三 書桌上的八卦圖。想要補足什麼，就在那個區域擺放美麗及力量的物品。**

　　舉例來說，如果你家有個地方讓你感覺不對，你可以試著把空間裡的物品放到另一個位置，或是添加新物品，或拿掉它，直到你感覺對了。只要改變家中物品的擺放位置，就能改善流經你生活空間的能量流。

　　運用直覺風水術產生的成果，有時候比照著固定的風水規則進行還來得效果驚人。有一對加拿大的夫妻來西雅圖找我，因為他們非常擔心財務狀況。他們擁有好幾間高級服飾店，原本事業發展得很好，但突然失去了大量的金錢，而且即將破產。我當時沒辦法前往他們在溫哥華的家，所以我運用「直覺」看看能否給他們一些建議。我「看見」他們的屋內，注意到有一張黑色沙發正在製造極大的困境，影響能量流動。我問他們是否有一張黑色沙發。

197

他們回答：「對，是黑色皮革做的，那是我們客廳最中央的東西。」

我說：「你們必須丟掉那張黑色沙發。」

丈夫回答：「不行。它很貴，而且那是我岳母送的禮物。」

我詢問他們什麼時候收到這張沙發。他們告訴我是兩年前收到的，我又問了他們的財務問題何時發生。他們回答財務下滑正是從兩年前開始。他們發現問題發生的時間，幾乎跟收到那張沙發的時間一模一樣時，非常驚訝。

我問了丈夫對於岳母的看法。他透露了他不喜歡岳母，而且覺得自己被她掌控。一開始公司創業的資金是來自岳母的資助，雖然最後還清了，但她還是想要控制他們的公司。每當丈夫看見那張沙發，潛意識裡都會有所憤恨，而他在潛意識裡破壞公司來報復岳母。我必須強調，這是非常潛意識的信念，因為他在表意識並沒有每看到沙發就發怒，但這個情緒依舊被激起了。

這對夫妻回到溫哥華後，便丟掉了那張沙發。幾個月後，我聽到他們的消息，他們很開心，財務完全翻轉，事業又再一次成功了。

我不認為每間房子一定要有完美的擺設方式，房屋就跟人一樣，有時候我們最好的成長是來自於我們在困境時所遭遇的人。有時候住在局限我們的房子，會讓我們有靈性成長，因為我們必須向內探索才能克服逆境，因而連結上我們最大的力量。我相信最棒的風水就是以直覺進行，而且我們內在都有這與生俱來的能力。信任你的直覺，運用想像力，發揮創造力。最重要的是，玩得盡興！

## 一些風水的實例

凱倫・金斯頓提供了這一章裡的風水資訊，接下來的實例也來自於她的分享。她是一位空間淨化專家和風水師。當凱倫聽到我要在這本書用一個章節介紹風水時，她慷慨傳了一些資料和實際案例，分享給我。

在凱倫的風水諮詢中，有一位女性在自家住宅經營一間大型的公關公司，遇到了財務困難。凱倫與她談完後，發現這位女性的門鈴不會響。如果沒有門鈴，或是住在裡面的人很難聽見敲門的聲音，那麼就會發生困境，從能量層面來說，機會就難以到來。

儘管這位女性的生意是透過電話聯絡，而不是實際來訪，但安裝門鈴的行動在能量層面傳送出一個訊息：她願意讓更多人找上門。裝門鈴之後，她回報說她的事業有了大幅的成長。

另一位找凱倫幫忙的女商人，雖然事業有成，但覺得自己遇到了瓶頸，沒辦法有更突破的發展。諮詢後發現，她去年買的櫥櫃，擋住了事業宮的能量流。此外，她在這個地方掛了兩面互照的鏡子，所以能量總在兩面鏡子間彈來彈去，流不到其他地方。把櫥櫃和一面鏡子搬到更吉利的位置，解決這些問題後，很快的，這位女性的事業又再度攀升，充滿未來發展的機會。

凱倫告訴我另一個風水師的例子，她處理過一位音樂老師的問題。這位女性遭遇財務問題，在她把擋住財富宮的沙發移走後，一週之內就招收到十一位新學生。

另一個最近剛離婚的女性，想要有新的戀情，但不要互許終身的關係。一位風水師建議她在關係宮放一個魚缸。很短的時間內，她就遇到一位很棒的男士，有一段不長、但符合她需要的關係。現在，每當她想要結束一段關係，並開始下一段關係時，她就會清理魚缸，種進新的水草。她說，每次都有效。

有個男士試著要賣掉他的公寓，但好長一段時間都沒有人出價。跟凱倫諮詢後，她建議他花三百英鎊購買一面大鏡子，以及一些花卉植物，修正空間中堵塞的能量流。十天內就有兩位買家出價，而最後的售價比他原來開的價格高出九千英鎊！

另一則故事，表示風水法則的強大效果。故事來自我兩位住在澳洲的朋友。他們在墨爾本一間建築裡，一起生活和工作。我先把這本書的草稿寄給他們，想要收到他們的回饋。他們回覆說，讀完之後，立刻做了大型的空間淨化。他們看了這一章的風水資訊，知道他們家裡沒有財富宮。他們在財富宮的位置，打造了美麗的庭院，放了蕨類、卵石和一尊佛像。做完後的第一週，他們的業績明顯提升了。接著下一週，他們獲得人生中最高的當日營業額，比過去一整週的營業額高出兩倍。僅僅發生在一夕之間！

以風水提升能量的九大方法：

1. 明亮的燈光和反射光的物品：鏡子、水晶球，明亮的光會啟動氣（能量）的流動。
2. 聲音：音樂會影響空間的氣。風鈴會和緩或增加氣的流動。通常，風鈴會掛在長廊裡，打破可能流動得太快的氣。任何會發出優美聲音的物品都可以提升能量。
3. 生物：任何活著的生命，像是動物、鳥類、水族箱的魚類、植物、花卉、盆栽，都會提升房屋的能量。
4. 堅固的物品：家具的方位、雕像的擺放，都會影響住家的能量。
5. 移動的物品：風車、風袋、活動雕塑、噴泉，甚至是倉鼠輪，都可以啟動能量流動。
6. 電動的物品：電動噴泉、電動瀑布、電子風鈴，甚至是電子彩虹，都可以增加氣的能量。
7. 符號和符號雕像：任何對你來說具有意義的符號、畫作、照片。竹笛可以演奏，或用來裝飾。笛子象徵靈性之劍。如果你把笛子用紅色緞帶綁起來，把笛子朝上，這會幫助氣的流動。
8. 顏色：選擇對你來說有意義的顏色。在中國，黃色跟長壽有關，紅色是吉祥的顏色，而綠色則是新生和春天的顏色。
9. 緞帶和流蘇：可以用紅色緞帶布置門，或者用流蘇把阻礙空間能量流動的梁柱蓋起來。

　　風水，是透過重新創造天地之間、陰陽之間、人與自然之間的平衡，達到與宇宙和諧的目的。風水的研究涵蓋很廣，我僅能在這裡簡單描述。風水絕對是一門值得深入探索的研究領域。然而我認為，風水師不只是提出必須遵守、不可動搖的嚴謹規則，還要鼓勵你創造自己的環境和自己的人生。風水師應該讓你把你家當作自我表達的成果，促進你創造一些溫和且美好的轉變。如此一來，你可以藉由風水之說，與宇宙更加和諧，而你的家也能展現平靜與祥和，帶來舒適、健康、喜悅。

# 14

第14章

## 家的靈性保護者與
## 能量供給者

雖然有時候保護者和供給者的界線很模糊，但都是保
存能量的環節，也就是住家淨化四大步驟中的第四項
步驟。保護者和供給者都能幫助我們封存、保護、提
升你在住家淨化後的能量場。

# 靈性保護者

在內在領域中，有無數的幫手和助手。在家中建立安全感和保護感時，最棒的方式就是請靈性保護者一起合作。靈性保護者不只可以保護你的家，避免有害事物入侵，還能夠在你家創造安全感，讓人們比較不會在屋內發生意外事故。

世界各地許多原住民文化，都有相信房屋守護靈的傳統信仰。房屋守護靈或保護者可以有許多外在形式，包括靈性動物幫手、守護天使、房屋守護靈，甚至是一棵樹的保護靈。不論是哪種形式，都能在你將住家打造成安全避風港時，增添更多用處。

我已經聽過無數次了，許多人使用我教導的房屋守護靈技巧後，有了驚人的成果。有位女性住在倫敦的公寓大樓，有一天下班後回到家，發現除了她家之外，那棟大樓的每間公寓都被闖空門。她的公寓表面上沒有什麼不尋常或不同的地方會讓小偷略過她家不偷。她家也沒有比其他公寓更顯眼或不突出。但她的公寓卻沒有被闖空門。十四間公寓裡，只有她家沒事。她把這件事歸功於她在家中創造的能量場，特別是她的房屋守護靈。

另一位女性寫信告訴我，她聽了我的建議，在大門附近放了力量動物當作房屋守護靈的象徵物件。她與貓的力量動物的能量合作，在大門旁放了一個貓的大雕像。她週末離家三天，回家後發現大門被撬開，但卻沒有東西被偷走，即便家中有許多珍貴物品，有些就放在大門旁邊。然而，這平時寧靜的社區裡，另一間房子在那週末被闖空門。這些鄰居之前沒有遭竊，這次卻有幾樣東西被偷走了。警察說她家一定有什麼東西嚇跑了本來要下手的竊賊。這位女性認為一定是她的房屋守護靈阻止了小偷，讓他不敢進來行竊。

當然，有很多原因可以解釋為什麼她的家沒遭竊。我不認為木頭雕像會真的跳到入侵者的身上。真正發生的是，房屋守護靈的能量，讓帶著不敬的意圖進入你家的人心生焦慮，因而離開。當然，如果你住在任何現代都市裡，需要採取正常的防盜措施。不過，在這個例子中，很可能是她家的能量，加上她的房屋守護靈，保護了房子不被入侵。

# 天使

我相信最強而有力的住家保護靈就是天使。呼喚天使作為你家的房屋保護靈，帶來保護和靈性回春，可以為你家帶來美好的祥和、和平與安全感。

### 什麼是天使？

歷史和神話學裡有大量資料提到天使。跳脫神話之外，天使也真的存在。天使和人界之間的帷幕非常薄，而這些大靈的傳訊者正在揭露祂們的存在。祂們與美麗、和平、喜悅、實現、笑聲、愛有關。祂們在地球的目的，是為了幫助我們卸下恐懼、不確定、罪惡、痛苦、擔心等負擔。祂們幫助我們，用喜悅和歸屬感，取代了不值得的感受和不安全感。天使協助我們連結強大而溫柔的力量，這力量鼓勵我們活出生命的完整。天使讓我們喜悅的生活，而非抓著恐懼過活。天使幫助我們進入愛的世界。

天使有許多不同的類別，每一位天使都可以協助你生活中的不同目標。個人的天使稱為守護天使，祂們只與你個人和你的進展連結，用創意的方式來協助你、保護你，幫助你達成所有的夢想。另外，有許多自然界的天使，祂們是特定區域的守護者，像是山巒、湖泊。讓人有特殊感受的天然地點，通常都受到天使善意的保護。

### 天使的不同形象

天使會以許多不同的形象出現。大家最常想到天使的形象，就是傳統教堂窗戶上長翅膀的天使。幾乎全世界每一個文化裡都有崇拜有翼天使的信仰者。美洲原住民稱天使為「翼人」或「鳥人」，暗示了祂們有翅膀。雖然天使以人類形象出現的報導已是司空見慣，但很少提到天使的翅膀類型。天使似乎會根據祂們的對象顯現，以讓對象舒服和愉快的形象出現。在我的旅途中，我聽過許多天使顯現不同的外觀，有男有女、有老有少、有不同種族，有些穿著華服，有些則邋遢骯髒。

天使界影響人類的方式，就是將天使能量注入到一個人身上。發生這件事時，當事人可能會不經意的提供協助和指引給需要的人——有時候甚至

會忘記這件事。似乎有些驚人的善能量上身，讓他們剛好傳遞正確的訊息給別人。

### 如何認出天使

多數天使是看不見的，但可以感覺得到。有許多方式可以讓你辨識天使是否在場。祂們出現時，通常都會伴隨美好的花香，有時候即便窗戶都關著，祂們會透過輕柔的微風宣告到達。有時候你會聽到鈴聲、風鈴聲、小號的聲音（沒錯！我認為為當天使進入我們的次元發出的聲音，在我們世界裡最接近的就是樂器小號的聲音）。有時候你可能會看見閃光，代表天使降臨。或者最常見的方式，就是你感覺到有一股愛流遍全身。如果你認為自己遇到天使降臨了，很有可能就是如此。

現在，天使正將我們的物質世界連結上祂們純淨的靈性能量。就像一片葉子輕柔的掉入我們那靜止的意識池塘，我們會辨識出祂們的存在。因為我們信任祂們，所以祂們會為我們注入祝福。能量跟隨意圖。當你注意到天使，祂們就會越來越靠近你的生活。

### 呼請房屋守護天使到你家

呼請天使到你家的步驟，是先對整個家進行徹底的淨化。接著找出房子裡最中央的區域，這裡感覺就像是房子的心臟或中心，它可能是、也可能不是房子實際的中央地理位置。一旦你找到了房子的中心，安靜的坐在那裡。集中你的心念，請求房屋守護天使前來。觀想房屋守護天使閃耀著光芒，完全包圍你家和周遭的土地。

你也可以呼請天使能量進入房子的特定房間。舉例來說，你可能想要將天使能量帶入臥室，陪你度過夜晚時分，指引你踏上內在旅程，或是協助你在夜晚療癒自己或他人。

你也可能想要呼喚天使進入你孩子的臥室。小孩與天使有特殊的親密關係。許多兒童都有看見天使的能力，而成人則喪失了這個能力。當我的女兒三、四歲時，我們常去西雅圖一間神智學的書局，她會到書店的一個角落裡窩著。那個角落沒有任何童書、玩具，或任何能夠特別引起她興趣的事物，

但她還是會去那邊，在我逛書店時一直待在那個角落。我後來有機會跟一位神智學的前輩作家提到這件事，我知道她也常去那書店。她一臉驚訝的看著我，並說：「啊，親愛的，妳不知道嗎？那個角落有天使呀！」

### 呼請四大方位的天使

另一種為房屋帶來保護的方式，就是請求四位高大的天使站在房屋周圍。想像祂們張開翅膀，創造出光與愛的穹頂，蓋住你的家。

以下是呼請這些美麗的光的存有的召喚文：

**1. 東方的天使：**

「我呼請東方的天使。請求祢為這個家帶來安全、保護和愛。願天堂的暖風，輕柔的吹到這間房子。感謝祢前來。」

**2. 南方的天使：**

「我呼請南方的天使。請求祢為這個家帶來安全、保護和愛。願天堂的輕柔雨滴，淨化並療癒家中的一切。感謝祢前來。」

**3. 西方的天使：**

「我呼請西方的天使。請求祢為這個家帶來安全、保護和愛。願太陽的溫暖，充滿每位踏入這個家的人，帶來光與愛。感謝祢前來。」

**4. 北方的天使：**

「我呼請北方的天使。請求祢為這個家帶來安全、保護和愛。願大地的安穩與力量，注入每位踏入這個家的人。感謝祢前來。」

**5. 造物主：**

「居住在萬物之中的大靈啊，我請求祢為每位踏入這個家的人帶來指引與愛，讓我們能在祥和與愛之中成長。感謝祢帶著愛前來。」

你可以透過靜坐，呼喚這些天使，或是真的走到家門外的四個地方，在四個方位呼喚每一位天使，並留下一個禮物獻給那位天使，像是一顆美麗的石頭、一根羽毛或是一朵花。這是原住民的傳統，當你祈求任何事情，要留下一個禮物。禮物的大小不重要，你給予的能量才重要。如果你家剛好有庭院，你甚至可以在每個方位種下一株植物，獻給每一位天使。不用擔心你的方位不夠精確。你內在的意圖才是最重要的。

如果要把更強大的天使能量帶進家中，你可以考慮在牆上掛天使的畫像、擺放天使雕像，或是懸掛天使作品。在耶誕節期間，有些商店會販售可掛式的天使雕像。我喜歡用一條線把天使雕像掛在天花板，讓它們自由晃動，掛上一整年。無論你在生命中注入了什麼意圖，你的生活就會增加什麼。如果你注入了天使的意圖，祂們就會不斷讓你知道祂們的存在。我相信所有的禱告都會被聽見，而天使離我們只有一念之遙。

## 靈性動物幫手

大靈的密使會以許多形象顯現。許多資料記載，原住民文化會使用動物幫手（也叫做圖騰動物、力量動物、動物指導靈和靈性動物）。原住民相信，每一個人都有自己的動物靈，會給予他指引、力量和保護。雖然一個人可以有很多的圖騰動物，但通常每段時間都只會有一個主要的圖騰動物。西方的圖騰動物，等於一位靈性嚮導。圖騰動物會是非常有力量的住家守護者。雖然流有原住民血統的人，天生就傾向跟圖騰動物合作，但來自任何文化的每個人都可以連結自己的圖騰動物，得到幫助。

了解一個人的圖騰動物，可以有效的幫助我們了解一個人。許多部落裡，很多連結和關係都奠基於圖騰的相互關係。我曾花時間待在澳洲的一個原住民部落，他們想要跟我分享神聖的原住民資訊。但他們需要先找出我們部落和我的圖騰動物，確保我的圖騰動物跟他們的圖騰動物能和諧共存，我們才能一起進行儀式。

我被帶進澳洲的灌木叢裡，身上塗抹了刺激的混合物，裡面有原住民的汗水加上黃色和紅色的土壤。這樣做的目的，是為了讓土地之靈認為我是原住民，而不是陌生人：據說土地之靈會傷害非原住民的人。接著我被指示背

靠著樹坐下，等待看看是什麼動物接近我。他們說，無論接近我的是哪種動物或鳥類，那就是我的圖騰動物。等待了很長一段時間後，有一隻公雞接近我了。那些原住民都呼了一口氣，放下心中的大石，因為公雞與他們的圖騰動物能和諧共處，接著我才可以參加部落儀式。

### 如何找到你的動物幫手

原住民的傳統信仰，通常會透過靈視追尋或內在旅程來找到一個人的圖騰動物。但因為我們不一定都有機會進行靈視追尋，所以有許多其他方式可以讓你找到你的動物幫手。你的力量動物，或許是你童年起最喜愛的動物。你的圖騰動物，可能在你的冥想時不斷來訪。如果有隻動物持續在你的夢中出現，通常就是你的圖騰動物。有時候，你會注意到自己不由自主的被某些動物吸引，因而找到你的力量動物。也許，童年時你最喜歡跟馬有關的故事，總是對馬有同感，這或許意味著馬極有可能就是你的圖騰動物。

你的動物幫手可能會以特別的方式出現。如果你正在散步，一隻公雞的羽毛飛到你的腳邊，可能代表公雞就是你的圖騰動物之一。另一種發現圖騰動物的方法，就是看見生活中的「徵兆」或預兆。舉例來說，你可能在郵局收到一張卡片，卡片上有一隻鹿。接著，你開始在海報和布告欄看見鹿。打開電視後，又看到一部跟鹿有關的紀錄片。當你開車經過鹿的原野，你聽見一首有關鹿的歌。你每晚都夢見鹿。不管你走到哪裡，都會看見鹿。你可能要思考這件事的意義，這是一個「徵兆」：你的圖騰動物就是鹿。

你會跟圖騰動物分享特質，所以另一種找出你的圖騰動物的方式就是研究不同動物的習性和屬性。閱讀許多不同動物的書籍，找出讓你感覺特別親近的動物習性和動物棲息地。這些資訊能夠在自然雜誌和百科全書找到，也可以從書籍尋找。舉例來說，熊在早晨醒得很慢，牠是有固定習性的動物，每天行經的路線都一樣。如果你每天早上起床開始一天的行程時就精力十足，而且喜歡不同活動，那麼熊就不會是你的圖騰動物。如果你的想法總是變換很快，每餐食量很小，似乎不會變胖，講話很快，鳥可能就是你的圖騰動物（會是鳴鳥，而不是老鷹或隼那類猛禽）。

## 如何找到動物幫手的意義

每一種動物幫手都有不同的特質或能力。跟你的圖騰動物溝通，你會獲得這些特質。不同的文化對於不同圖騰都會賦予不同意義，我建議你要信任自己的內在直覺，找出你的圖騰動物代表的意義；所有的圖騰動物都沒有一定的共通意義。最好的例子就是貓頭鷹靈性幫手。我在澳洲跟原住民長老討論圖騰動物時，有位男性長老告訴我，男人很怕貓頭鷹，因為那是女人的圖騰動物，象徵著黑暗和未知。他說，他們害怕女性的力量和未知的力量，所以他們害怕貓頭鷹。

我在紐西蘭跟塔拉納基毛利族（Terinaki Maori）討論圖騰動物時，我問到了貓頭鷹。他們告訴我，對於毛利人來說，貓頭鷹是神聖的鳥類。因為太過神聖，不會直呼牠的名稱。我自己的美洲原住民文化裡，有些部落崇敬貓頭鷹，認為牠象徵奧祕智慧。然而其他部落認為貓頭鷹會帶來死亡和黑暗。不同的文化常常對於動物幫手有不同的定義，所以我建議你要親自找出你的動物幫手代表的意義。

有許多方法可以找出動物幫手的意義。不少書籍都列出許多力量動物和牠們的意義。閱讀許多圖騰動物的傳統意義，會很有趣、好玩。雖然這些書籍很有幫助，但一定要記得，你讀到的只是一個人寫出來的詮釋。不同作者對於不同圖騰的意義，看法分歧。但就算解釋圖騰動物意義的書籍，只能告訴你一個人或一個傳統文化中的見解，這也是很好的起點。你可能會特別被某位作家描述的某個圖騰動物的特質吸引。你可以閱讀書中對於圖騰動物的解釋，看看「感覺」起來是不是適合你。你自己對於特定圖騰動物意義的感覺是非常獨特的定義，也絕對跟其他人的見解一樣有效。

第二種找出圖騰意義的方式，是找到你的圖騰動物在大自然中的習性。舉例來說，如果你覺得美洲豹是你的圖騰動物，你可能會研究美洲豹。研究的過程中，你會發現牠們花很多時間睡覺，但到了打獵的時候，會全神貫注、直接而敏捷的追捕獵物。研究過後，你可能會蒐集到，美洲豹圖騰動物的特質之一，就是會徹底休息，卻又能夠快速且輕易的達成目標。你的力量動物可以讓你了解你具有哪種力量，也能夠協助你渡過難關。

　　另一種找出動物幫手特質的方式，是進入冥想狀態。在這狀態中，想像你正在跟動物幫手溝通。觀想（如果你難以觀想，就用感覺）圖騰動物清楚告訴你牠的意義。詢問你的圖騰動物，牠們的特質是什麼，以及如何協助你。

　　有時候，圖騰動物會隨著時間而改變。你可能會覺得在生命的某個階段，某個圖騰動物幫助你很多。但之後，當你改變和成長了，你會發現自己被另一個動物的靈性能量吸引。圖騰動物的能量中有原始且強大的力量，不只非常適合在你家創造保護的能量，與你的動物幫手結盟，也可以協助你將動物幫手的特質帶進你的家和生活。

### 如果在家中使用動物幫手的力量

　　一旦你了解自己的圖騰動物和牠的意義，你可以邀請牠的能量進入你家。你可以對圖騰動物祈禱，邀請牠進入你的家或辦公室，成為房屋守護靈。你也可以在你家放牠的照片或雕像，進一步接收你動物幫手的保護能量。

　　為了保護你家，你可以選擇使用個人的圖騰動物，或者是呼請房屋的特定圖騰動物。你可能也想在屋內不同區域使用不同的圖騰動物。例如，假設你想要提升整間房屋的療癒能量，熊會是個好選擇，因為熊在傳統上跟療癒有關。或者，如果你要把家中一個房間當作療癒室，你可以呼請熊的圖騰動物進入那個房間就好。

　　如果你想要在家中或辦公室感到更多力量和自由，你可以呼請馬。馬通常跟優雅、力量、自由、移動有關。如果你認為你真的想要看見未知的領域，你可能要使用貓頭鷹。如果你住在大家庭裡，或是有很多人住在一起，而你想要提升真正的團結感和凝聚感，你可能需要的是狼，因為狼是群居動物。鳥的能量適合廚房，因為牠們非常有行動力、能量充沛、興高采烈。

　　把圖騰動物能量帶入你家的一個好方法，就是擺放有關的雕像、照片或畫作。這些物品有自身的能量，可以協助你呼喚圖騰動物的能量進入你家。

### 家門的圖騰動物

在你家的門口，擺放強壯的圖騰動物象徵物。象徵你家門的圖騰動物，會為整間房子的能量定調，所以這是最重要的圖騰動物位置。

我在家的大門旁邊放了蜥蜴圖騰。蜥蜴對澳洲原住民來說，是夢境的守護者，也是內在奧祕的守護者之一。蜥蜴是非常女性的圖騰動物。我在門旁邊放了從峇里島買的一對大型木雕蜥蜴，以及蜥蜴的照片。蜥蜴幫助我守護空間，並協助我打造我想要這個家代表的能量。

有一段時間，我們住在有許多流浪漢的社區，雖然大多流浪漢都是好人，他們只是比較不幸而已，但有一個看起來很陰險的流浪漢會走進我們庭院，到門邊往屋裡看。我們的女兒米朵年紀還很小，我很擔心她的安全。有一天當我的擔憂到了極限，再也忍不住，我小心翼翼的把我的大型木雕蜥蜴搬到門前的階梯上，請蜥蜴確保只有好心人會經過我們家。當這個流浪漢又經過時，我剛好瞄向窗外，他看了其中一隻蜥蜴，又看了另外一隻，很快的轉身離開。之後再也沒有看見他。

### 臥室的圖騰動物

熊通常很適合作為臥室的圖騰動物。熊會冬眠，並把能量拉入療癒。人們直覺的把泰迪熊放在床上，這似乎是無意識的原始行為，是邀情熊的能量到臥室。

魚也同樣是適合臥室的圖騰動物，因為牠在水裡生活，而水代表夢境和情緒。另一個很適合臥室的選擇是烏龜；烏龜象徵大地母親，也與保護狀態、進入子宮、黑暗、黑暗中的舒適有關。在臥室使用烏龜能量，會促進深度休息、恢復新生和堅定的安全感。

老鷹能量是非常強大的能量，許多人都會被牠吸引。但在臥室裡，有時候老鷹的能量太強，不適合睡眠。如果你想要使用鳥類，試試看夜行性鳥類，像是貓頭鷹。老鷹比較適合生活空間，或冥想室（如果你要在冥想室帶進非常強大又集中的能量）。

地球有兩種象徵轉化的強大圖騰動物，分別是海豚和鯨魚。這兩種圖騰

動物都很適合放在兒童房裡。牠們也適合放在會有大量溝通交流的任何地方。海豚是象徵喜悅、溝通、相互連結的強大符號。無論你使用圖畫、雕塑，或是一小張照片，都可以創造你呼請的圖騰動物能量。

有時候蛇也可以用在臥室。雖然許多人對蛇都有負面的感受，但蛇是非常強大的圖騰動物。歷史上，蛇代表療癒、個人轉化、基本的生命力。兩條纏繞的蛇組成了雙蛇之杖的符號，那是醫師的符號。古希臘有上百座「夢神殿」（希臘神祇阿斯克勒庇俄斯的神殿，祂是睡神和醫神），每個人可以進去獲得療癒。這些神殿的地板上有許多蛇在匍匐移動，因為牠們代表療癒。為了獲得療癒，人們會睡在神殿裡，跟蛇一同過夜。蛇也象徵轉化，因為牠們會蛻下舊皮。對印度人來說，蛇代表亢達里尼能量，像蛇一樣潛伏在尾椎的生命能量。

蛇是非常有力量的圖騰動物，可以用在房子各處。牠也是強大的能量形式，你可能只想偶爾在你需要的時候使用。如果你正面臨巨大的轉變，或經歷一段新的開始，而你真的需要釋放過去，迎向新生，蛇的能量就非常適合擺放在你周圍。通常，在臥室使用的話，蛇的能量會太強大，但在你生命的巨大轉變期使用則非常適合，讓這爬蟲類靈性幫手的能量完全圍繞你，會很有幫助。

### 客廳的圖騰動物

最適合使用在客廳的圖騰動物是群居動物，像是狼或海豚。任何會帶來群體感和相互連結的動物能量，都適合使用。喜歡玩樂的動物，例如海獺，也很適合。大象等群聚動物，也很適合，因為牠們代表維持群體和友情的能量。

### 浴室的圖騰動物

青蛙、烏龜、海豚、鯨魚、魚類、海豹，都是適合在浴室使用的圖騰動物。牠們會帶來水的靈魂，在浴室提供生命和自然的感受。

### 廚房的圖騰動物

由於廚房是整個家庭的哺育之源，在廚房使用的圖騰非常重要。雖然我家幾乎都以素食為主，我依舊喜歡把公雞（我覺得大家都低估公雞了）放在廚房。公雞對我來說，象徵和平。牠也是服務的能量，因為公雞的每一個部位都會被人類食用。我認識一位女性，她認為廚房最適合的圖騰動物是狐狸，因為牠們很聰明。她覺得你得要夠聰明，才能當個好廚師！

### 辦公室的圖騰動物

住家的辦公空間或書房的圖騰動物，取決於你的工作類型。如果你的書房是放鬆和追求知識的地方，那麼你可以考慮鹿，牠的能量與溫柔、柔軟、愛有關。如果你待的地方讓你必須很外向，能量外放，你可以要把鹿的能量帶進家中平衡。如果你覺得自己有太多陽性能量，在你家或辦公室使用鹿的圖騰，都可以幫你平衡能量。

如果你花時間在樹林裡認識不同動物的足跡，你會注意到鹿的足跡在植物附近踩得非常輕。反之，駝鹿通常會直直走去牠們要去的地方。沒有任何東西可以阻擋駝鹿，牠們會直接踩過去！牠們是非常大型而強壯的動物，鹿角可以長到一點五公尺寬。牠們的耐力和體力極佳。

如果你在辦公室進行一件計畫，需要力量和耐力，好讓你在達成目標的路上沒有任何阻礙，那麼你可以考慮把駝鹿的圖騰放在辦公室。蘊含在駝鹿靈魂中宛如戰士的能量，也可以有效的對抗你生命中的受害者感受。

另一個適合辦公室的圖騰動物就是公雞。公雞是非常聰明的禽類，以堅持和好奇心為人熟知。公雞不會真的離雞群太遠，但牠會一直去探查有興趣的事物，直到完全滿足好奇心，了解那是什麼。公雞的特質很適合用在商業環境。

### 圖騰動物作為房屋守護靈

圖騰動物可以是非常有幫助的房屋守護靈。如果你花時間連結你的圖騰動物，接著把實體的象徵物放在你家四處，你家就有一整天安靜的保護者

了。如果要繼續讓圖騰動物的力量維持穩定，要定期向牠們打招呼。你可以偶爾對牠們說聲「嗨」（說出來或默念都可以）。當象徵物沾上灰塵時，清理也是另一種打招呼和榮耀牠們的方法。好好照顧並榮耀你的圖騰動物，這可以讓牠們的能量充沛。

任何你發出意圖的事物，都會變得越來越有能量。提供保護的並不是物體本身，而是你賦予它的意義，以及你發射到它身上的能量，讓它變得與眾不同。要記得，圖騰動物是非常個人的，最適合每處空間的圖騰，就是你感覺最親近的圖騰動物。

另外，我建議你也可以把你居住地區的圖騰動物包含進去。舉例來說，如果你住在澳洲，你可能會與澳洲犬或是袋鼠、袋熊合作。如果你住在北美，你可能會選擇當地原生動物，像是土狼、野狼、駝鹿。如果你住在英國，也許你會跟鹿或狐狸合作。你可能會跟你居住地區的動物有更強烈的連結，雖然偶爾人們也會與他們沒去過的地方的動物產生無可否認、難以言明的親密感。

## 房屋守護靈

另一個房屋保護者稱為「住家之靈」（the spirit of your home）。萬事萬物都有靈魂，每件事物都有一位靈在內。原住民傳統信仰中，一定都會榮耀萬物的靈：住家之靈、山靈、灌溉植物的河川靈、提供食物的植物靈和動物靈、你腳下的土地靈。你越是榮耀並尊敬周遭的世界，你越能受到世界的支持與保護。

有一則有趣的故事，是關於峇里島的房屋守護靈。峇里島沙努爾的峇里海灘飯店（Bali Beach Hotel）在1993年一月發生火災。這場火災有個吸引人的報導，三樓的327房完全沒有遭到火災損毀。相鄰房間都慘遭祝融，但這個房間內的家具甚至沒有燒焦。

327房有個非常有趣的故事。火災之前，飯店人員頻頻接到住在這間高級房間的房客向他們抱怨。通常入住327房的房客都待不久，他們說晚上睡覺時會被奇怪的聲音打擾。另外，327房的空調、電子設備、水管和電話也常常會莫名其妙壞掉。但當維修人員上來查看問題時，卻找不到任何問題。

火災之後，依據峇里島信仰，他們請了當地的靈媒來調查火災的起因。靈媒與建築物的靈溝通，祂在峇里島被稱為「地基主」（Lord of the Premises）。這位靈叫做安‧美都瓦‧卡蘭（Ane Meduwa Karang），祂說，祂想要327房作祂的聖房，讓大家崇敬祂。祂也說，祂之前給了許多徵兆，像是房間內的干擾，但都沒有人注意到，最後祂才讓飯店起火燒掉。

當地店家同意之前出現過其他的徵兆，像是飯店實際上是蓋在墓地上（在峇里島是史無前例的事情）。另外，有些飯店職員癲癇發作，這在峇里島認為是靈性世界出了問題。

因為這些不好的徵兆，所以在火災之前做了獻祭來安撫神靈，但就像《峇里島郵報》在1993年1月26日的一篇文章中寫道：「這麼做可能還不夠。之前火災的原因之一，是因為許多飯店高層人員不懂峇里島人的獻祭。一個德式餐飲的主管怎麼會了解他必須供養一般房客之外的『靈魂』呢？他的預算沒有包含這點，而且這也不是他的工作內容。」

在峇里島，如果發生火災，他們會在別的地點重建，或重新命名。這個故事最後的結果是飯店重建，比之前更大、更好。峇里海灘飯店最後更名為峇里海灘大飯店（Grand Bali Beach Hotel），而327房特別劃分出來，只作為聖房。

「召喚」住家之靈的步驟：

1. 安靜坐在你感覺是房子中心的地方。
2. 做七次深呼吸，每一次呼吸都讓自己放鬆下來。
3. 閉上雙眼，開始「感覺」空間的能量。
4. 擴展你的意識，「感覺」整間房子的整體能量（就像是傾聽交響樂的整體旋律，雖然交響樂是由不同獨立的樂器演奏而成，但合在一起就會創作出一首交響樂）。
5. 一旦你連結了房子的感覺，詢問房子它的姓名，看看你是否注意到伴隨著感覺和名字出現的視覺畫面（如果我們幫物品擬人化後，會更能連結它們）。如果你不確定要怎麼做，問你自己幾個問題：這間房子是男性、還是女性？高或矮？年輕或年長？這類問題可以幫助你更能

覺察你家的整體個性。

6. 收到名字之後，接著問房子是否有任何特定的需求。當你發現住家之靈跟你打招呼，你可能會感到很驚訝。舉例來說，祂可能會說祂的暖氣設備需要更換濾網，或是祂的煙囪需要清理，或者祂想要窗戶更常開啟。或者，就像峇里島飯店守護靈的例子，你家可能也想要一座聖壇，或是隔出一個地方做聖地。

7. 那麼，你可以請房屋守護靈保護你家的安全，一定要記得先給予感謝。

　　我知道有些人將他們的房子取名為「夏田山莊」，他們說，這個名字是源自於他們叫做莎拉‧夏田的房屋守護靈。他們說，祂是一位溫暖、快樂、慈愛、非常母性的守護靈。他們離家時會說：「莎拉再見，謝謝祢保護我們家的安全。」而當他們回家後會說：「嗨，莎拉，回到家真開心。」當他們走進家中，就感覺到一股溫暖的歡迎能量包圍他們。

## 舉行房屋保護儀式

　　從遠古以來，就有儀式了。儀式，是在意識的轉換狀態裡，進行象徵的行為，得到想要的改變。基本上，透過儀式的形式，你投射出能量。儀式過程和儀式本身並沒有力量，但儀式是你的意圖的焦點工具。它會精煉你透過儀式投射出的能量，也會象徵性的顯化你的意圖。儀式的主要價值，是讓你能夠將能量集中在你想要的成果。

　　你儀式的力量有賴於你的意圖，但你也必須考慮到周圍起伏變化的能量流。每件事物，從月亮週期、行星位置，再到季節變化，都會影響你的儀式。有時候能量流會通過你，有時候你可能覺得自己逆流而行。有些人會研究哪一個時間點最適合做儀式。但我傾向直覺，決定何時該進行儀式。我通常都選擇感覺對了的時間。你可以使用以下的儀式，將安全和保護的能量駐紮在你家周圍：

1. 從站在大門開始。

2. 花一些時間放鬆，歸於中心。

3. 拿一枝蠟燭（細蠟燭或杯裝許願蠟燭皆可）。

4. 凝視燭火中央，想像燭光擴張成閃閃發光的光球，包圍著你。

5. 將蠟燭拿到胸口中央，將愛的能量注入進去。慢慢將蠟燭離開心輪，往上移動，接著直直往下移動，並重複說：「安全、保護、安好。」當你將蠟燭往下帶，感覺你正在「呼請光降臨」你家。接著將蠟燭移回胸口中央，慢慢將蠟燭帶向左邊，再拿到右邊，並說：「安全、保護、安好。」你正在畫十字符號，代表保護和強化。

6. 繼續在整間房子進行，順時針由下往上繞，在每一面門外和窗外進行，並說：「安全、保護、安好。」畫上十字符號。

7. 回到起點，重複一次十字符號，以此完成儀式。接著熄滅燭火。

　　你已經在每一面門窗都畫上十字符號了。十字架是神聖的象徵，起源時間比基督時期還要早。它是和平與保護的強大符號。當我們想要擋掉不好的事情時，會做出十字符號，這並不是巧合。就算只是開玩笑的畫十字架，這個行為依然透露出集體意識中的深層心理象徵連結。

## 祈禱

　　用來保護和封存住家能量的所有方法中，我發現祈禱是最強效的方法。向大靈簡單祈禱，可以帶來立即且正向的成效。你可以說：「偉大的大靈（或是神，或任何你認為一切生命的來源），我請求祢為這個家帶來祝福和保護。」有時候，你會立刻感覺到天使翅膀沙沙拍打的聲音，以及大靈的溫柔能量湧入你家。

　　另一種使用祈禱的方法，是利用西藏轉經輪。這個特殊的物品裡包含一張非常薄的紙，上面手抄了數千遍的佛教經文。這些紙依序密實的包在銀色圓筒裡，會繞著一根柱子旋轉。拿著轉經輪的人轉動它時，會將能量轉入這個世界。我很愛我的轉經輪。使用它時，我都可以看見能量被旋轉出去，進入這個宇宙。可以在許多新時代書店買到轉經輪。

# 能量供給者

供給者是可以提升住家能量的事物。以下是一些住家能量供給者的概要清單，讓你可以用來提升家中的生命力。

## 愉快的照片

你放在家中的照片非常重要。照片中的人如果不開心，特別是家庭成員，就會把艱困的能量帶入家中。擺放出來的照片，一定要傳達出快樂、平靜。

有一家人打電話向我諮詢，他們青春期的兒子經歷了非常大的逆境。青春期是非常重要和形塑個性的時候，一定的叛逆是長大成人的重要過程。但這對父母非常擔心，他們的兒子吸毒，常常會離家兩天，不讓任何人知道他去哪裡。當他在家時，也只待在自己的房間，不跟任何人交流。我不認為住家淨化是這時候需要做的事，對我來說，似乎全家人去接受心理諮商才是應該要做的。然而，我還是去了這戶人家，看看我能不能幫忙減緩他們的困境。

我一踏進大門就很吃驚，因為我第一眼注意到的物品是一張相片，相片中的兒子看起來很不開心。這對父母很喜歡藝術，這張兒子的黑白相片是由知名攝影師拍攝。然而，相片中的他看起來非常難過，好像要哭出來。美學上，這是一張好相片。但對於房子和家庭的能量來說，這張照片非常糟糕。

從他們的兒子在十一歲拍這張照片開始，幾年來都掛在同一個位置，而他現在已經十六歲了。因此，五年來每次有人踏進這間房子，就會看到照片中的男孩很不開心。其他人在潛意識中可能就會投射出這個負面想法到他身上。另外，這張照片傳達出了負面意象，也會在他每次踏進家門時，植入他的潛意識。這張照片不斷證實了他的不快樂。

當我建議這對父母把照片換成兒子的快樂彩色照片，他們不置可否。他們說，這張照片非常有藝術感，而且攝影師很有名。他們不想人們踏進他家時，看到的照片是一張平凡無奇的家庭照。不過，我還是建議他們試一陣子，接著我繼續瀏覽房子。除了清理房子中一些沉滯的能量，我建議他們做

出的最大改變，就是讓家更有「家的感覺」。

這間房子就像是高價藝術品和雕塑的展示櫃，但卻給人「禁止碰觸」的感覺。這裡不像是你可以舒服居住的地方。我感覺，把家弄得更有家的感覺，而不是像間博物館，就會幫助他們的兒子更快樂，也許會讓他更願意待在家。我也建議他們尋求家庭諮商的協助。

幾個星期之後，我接到一通來電。這對父母照著我的建議做了些改變，很驚訝的發現兒子不一樣了。甚至在接受家庭諮商之前，他就似乎有了改變。他變得更容易親近，也願意跟他們說話。我認為他們兒子的轉變來自於兩個原因。第一，轉換家中能量有很大的幫助，他們的房子變得舒適溫暖。第二，這對父母開始為了狀況負起責任，而不是一味責怪兒子。這位年輕人或許感覺到了這點，所以才開始減少疏離。

## 特殊的物品

你家裡面的物品，特別是你展示出來的物品，對於家中的整體能量很重要。如果你非常不喜歡家中的某個物品，每當你看見它時，你的能量就會下降。原因是每當你走到同一個空間，又看到這件物品時，你在潛意識裡會產生厭惡。

如果你不喜歡、或沒在用的物品，就丟掉吧。就算是來自你姑婆特別送的結婚禮物，如果你討厭它，就丟掉它。家中擺放你不喜歡的物品，會降低整個家的能量場。反之，家中擺放你喜歡的物品，會提升你家的能量。

可以提升家中能量的物品有：

### 神聖物品

如果物品屬於靈性導師或你尊敬、喜愛的人，會補充整個家的能量。每個物品會攜帶主人過去放射出的能量。如果你有靈性導師或你尊敬的導師送你的東西，它會在你家持續散發導師的能量場。如果物品曾屬於你景仰的人，也會提升家中的生命力。任何神聖物品，像是喜馬拉雅山的石頭，或老鷹羽毛，都會將能量帶入你家。

### 手工物品

手工物品會將美好的生命能量帶進家中，尤其是你知道製作者是誰。手繪畫作、手工地毯、手工家具、手工雕刻、小孩的塗鴉，這些東西都能提升家中的能量。舉例來說，如果你購買的鍋子是製作者親手打造的，或是你看著鍋子的製作過程，比起工廠生產的鍋子，手工鍋子會為你家補充更多能量。家中擺放越多手工物品，就會有越多生命力注入你家。如果製作者在製作過程中感覺快樂或滿足，就特別會有生命力注入你家。在原住民文化裡，製作鼓的人，不會在不開心的時候製作鼓，因為他們說這樣不快樂的能量就會留存在鼓中。

我有許多鳥屋，都是一位很棒的老先生做的，他住在馬路另一頭。他喜愛鳥類，喜歡親手製作鳥屋。他的熱情注入了每一間他製作的鳥屋。我的鳥屋散發出他美好良善的能量，所以每次我看著它們，潛意識就會想起老先生的特質。你家有越多物品讓你聯想到慈愛、關懷、愉悅，你家就越能充滿能量。

如果你不確定什麼物品會讓你家的能量提升或下降，花時間注視著它，拿起它。它散發出哪種情緒？你碰觸它時，你想到什麼？你感覺自己的能量提升嗎？下降嗎？還是沒有變化？如果你感覺自己的能量下降了，那麼幫那個物品找另外的家。我們與生活中的所有物品都一直保持著連結。房子外的環境中有太多事物會降低我們的能量，所以讓家中的能量有助於我們能量的提升，是很重要的事情。

### 天然物品

天然物品是偉大的能量供給者。羊毛或棉製的沙發罩，散發的能量比人造纖維來得多。物品本身越沒有人為加工，就有越多能量。就像是蜂蜜比精製糖更有生命，因為蜂蜜比較天然。你的天然纖維和天然物品，會攜帶比加工品更強大的生命能量場。雖然每件事物都有能量，但木製椅的生命能量就比塑膠椅來得多。

### 動物

動物可以大幅幫助提升家中的生命力，每一隻動物都會以不同的方式影響家中的整體能量，但提升家中能量最重要的要素就是你對動物的愛。這個愛會以美麗的光充滿你的家。

### 金字塔

金字塔會將振奮的能量帶入你家。每一座金字塔都是漩渦，吸引宇宙能量。這些來自古埃及的禮物，蘊藏了我們沒辦法透徹了解的能量奧祕，單單把它們放在你家，就會提升那裡的能量場。我們已邁入新的千禧年，擺放金字塔會很棒。

### 切割過的水晶

切割過的水晶，能夠將彩虹能量帶入你家。它們會散發魔法、喜悅和振動的色彩能量。陽光透過水晶照進來後，你家的能量場會吸收並維持色彩振動很長一段時間。當你把水晶放到窗邊，你會感覺到空間內的能量變化，就算在晚上也是如此。這個空間會吟唱能量。

### 鏡子

鏡子被稱為風水的阿斯匹靈，因為它們可以解決失衡的能量流。鏡子可以擴大房間。僅僅只是待在有鏡子的房間，就會讓你感覺到擴展。例如，當鏡子映照出樹、湖泊、河川到你家裡，它們會將戶外帶入室內。反射的水景很棒，會促進寧靜、療癒、直覺，有些情況還會帶來財富。如果你家讓你覺得束縛或拘束，試著放幾面大鏡子。通常，你會立刻感覺更擴展。如果門一打開就看見牆，或者走廊的盡頭是牆壁，這也會製造卡住的感覺。在這些情況下，掛上一面鏡子，可以提升流動和擴展的感受。

鏡子也可以把負面的影響折射出去。我有一位個案跟她的鄰居處不好。如果她家的樹葉掉到鄰居的庭院，鄰居會通通累積起來，丟在她的大門前。每一天鄰居都會做出干擾的行動，直到她再也受不了，對此都是滿滿的負面

念頭。我建議她掛一面鏡子在面對鄰居的牆上，折射掉鄰居不受控制的能量。她不確定還有什麼能改變現況，就照著我的建議做了。她非常驚訝，幾天後她的鄰居帶了一條新鮮的麵包來求和。

### 男神與女神

神祇的畫像或雕像，可以為房間帶來啟發的效果。如果你想要在房間裡提升浪漫愛，可以考慮在明顯的位置擺放愛神維納斯的雕像。如果你覺得需要強大的空間能量，你可以放雷神索爾的畫像或雕像。這些男神和女神在無數個世代以來都一直受到崇敬，祂們的畫像或雕像會幫助你連結集體意識的振動能量，連結每一位神祇，將祂們的能量帶入你家。

# 15

第15章

驅除靈體

在我早年的學徒生涯裡，我接受了好幾位夏威夷卡胡那的訓練。我的訓練內容包含釋放家中的地縛靈（鬼魂）。訓練結束後，我被一位心煩意亂的校長請去淨化學校，據說學校裡有鬼。校長跟我解釋，晚上電燈會開開關關，門也是如此，學生都嚇壞了。

大多數怪異現象都在晚上發生，白天學生在學校時，並沒有人真的看見過什麼東西。但二手傳言就足以嚇壞部分學生，而學校高層想要驅除鬼魂。我當時自信心還不夠，無法一個人淨化整間學校，所以我詢問我的卡胡那老師是否願意陪我去。當我們站在學校外，沐浴在柔和的夏威夷月光下，我們準備儀式用的鹽、水、提葉（ti-leave，譯註：一種夏威夷藥草）。校長等著我們，打開學校大門。

當我們走進一樓，我只感覺有學生的快樂能量殘留，充滿生命力和正向。但為了保險起見，我們還是在一樓用鹽和水做了小型的淨化。接著我們走上二樓，能量也還可以，我們依舊進行小型的淨化。我開始認為鬼魂的傳言只是學生的惡作劇，而我很後悔請卡胡那陪我。我們淨化完二樓後，開始走上三樓。突然間，原本晚上溫暖的空氣變得很冷。我感到身體非常沉重，最後的階梯似乎要很努力才爬得上去。我開始感覺呼吸困難。

我看著我的老師，他走上樓梯時，顯然也體驗到沉重感。霎那間，我們聽到走廊那端傳來門被大力甩上的聲音。我問校長，是否有任何人在三樓。校長說，據他了解，三樓並沒有人。當我們繼續沿著走廊往前走，又聽到一聲甩門聲。我的理性頭腦從來都不曾消失，特別是在嚇人的情況時，我記得我一直告訴自己：「這是風、這是風、這是風！」

我開始灑鹽，而我的老師開始用夏威夷語唱誦驅除的禱詞。我繼續到每一個空間用鹽灑淨，我走近一個打開的窗戶，窗戶瞬間猛然關上。我的理性頭腦又喊得更大聲了：「這是風、這是風、這是風！」

我不想要在老師的眼裡看起來像個發抖的果凍，所以裝得好像這種事情時常發生，但內心不斷跟自己說：「我很冷靜、我很冷靜。」

我自己一個人走進房間，想起我學過的南美印第安人的驅除技巧。那個技巧太不雅了，在學的時候，我還以為自己永遠也不會用到。但現在的情況似乎需要使用猛烈的方式。所以我從水槽裝了一些水，祝福後，嘴裡含一大

口水，噴向房間每個角落。現在回想起來，我當時應該是因為我做的事情太不雅跟好笑，因而分心了，也讓我的恐懼暫時停下來。

我們結束淨化，走到戶外。我的老師認為要等一段時間讓靈體離開。驚人的是，在我們等待的時候，沒有人的三樓，有幾盞燈亮了又滅。接著似乎從地底傳來一陣微弱的顫抖，並傳來一聲微微的嘆息。我當下知道，已經完成了。之後學校再也沒有出現鬼的傳聞。

後來，我的老師溫和的提醒我，害怕地縛靈會產生反效果。地縛靈只是困在逆境裡，它們需要被了解、安慰和支持。對我來說，這是非常寶貴的經驗，因為我對不尋常狀況感到害怕，就忘了地縛靈的本質是什麼：它們是另一個人類（雖然沒有身體）。我忘了要給身陷困境的他人天生的慈悲心。而且我忘了，基本上「驅除靈體」就是一個溫柔的提醒：告訴靈體，它們已經沒有肉體了，鼓勵它們走向光。根據同類相吸的原理，如果你帶著恐懼靠近靈體，你就會創造恐懼的情況；如果你帶著溫柔而堅定的了解情況，它們大部分都會走進光中。

之後我自己進行「驅除靈體」時，再也沒遇到這麼戲劇化的現象。我不禁想，是不是我的恐懼加強了鬼的出現。如果我不那麼害怕的話，也許我們就不會遇到門開了又關、燈亮了又滅的狀況。

我相信，你的意識中充滿什麼，什麼就會充滿你的生活。當我學到如何釋放地縛靈的時候，我進行空間淨化儀式的每一間房子裡，幾乎都有鬼需要被釋放，所以我開始相信幾乎每一間房子都有地縛靈。之後我了解到，當我把焦點集中在鬼魂上，就是把鬼魂拉進我的生活中。當我改變了自己焦點，立刻就不再被請去處理有鬼魂困擾的房屋了。

圍繞著你的宇宙，都反映出你內在的信念和想法。我很久沒遇鬼了。我相信，改變我潛意識的焦點，也改變了我會把什麼體驗拉進生活中。我也相信，最快把鬼魂拉進你生活的方法，就是怕鬼。

偶爾有些房屋，特別是老房子，會有鬼魂停留。然而，我們不需要怕鬼。如果你不害怕，鬼魂就無法傷害你。儘管如此，我認為對一個人來說，最好還是住在沒有鬼魂的房子裡。而且，即便是最快樂的鬼魂，它們待在靈性領域也會比束縛在物質界來得快樂。

通常，你不需要打給專家，就可以清除你家的地縛靈。以下資訊可以幫助你清除靈體：鬼魂是什麼？如何認出鬼魂？以及清除鬼魂的技巧。

# 鬼魂是什麼？

## 鬼魂

鬼魂基本上是曾經居住在地球上，但當身體死去，靈魂留下來，或被束縛在地球上，就成了「地縛靈」（earthbound spirit）。鬼魂通常會不斷出現，被許多人看見。它們可能是你眼角瞥見的一縷煙霧，或是許多的固態形體，在你眼前神奇消失。它們不會跟著人們從這間房子移到下一間房子，它們只會待在固定地點，而不是跟著特定的人。

關於鬼魂最傳統的觀念是：當一個人死後，它們要不是依附在地球上（不想離開心愛的人事物，想要對妻子的情夫報仇等等），就是因為意外死亡，處於困惑的狀態，還不知道自己已經死了。超自然現象的研究專家，提供了許多靈異現象的解釋。義大利的通靈者艾涅斯托‧波札諾（Ernesto Bozzano）相信，鬼魂不是死者的靈魂，而是流連不去的無形心智所傳送出來的心電感應訊息。

另一個理論也認為鬼魂不是死者的靈魂，而是物品吸附靈通感應（psychic impression）的投射。這些感應接著會向那些經過物品附近的人播放。據說畫面的清晰度，是根據原精神銘印在物品的情緒力，以及接收者的靈通敏感度。

牛津大學教授亨利‧普萊斯（Henry Price）認為，這些製造出來的畫面多少都徘徊在多重的層面。他提到，這些靈通感應會不斷重複播放，就像一卷靈通錄影帶那樣循環不已。有些研究員甚至假定，這些鬼魂是敏感體質的人針對該地區的靈通殘留的反應，並做出靈通的投射。這個理論聲稱，這些感應者在潛意識裡創造出鬼魂，以滿足他們自己的情緒需求。

雖然所有關於鬼魂的理論聽起來都很合理，我個人還是喜歡傳統上對於鬼魂的見解：鬼魂是一個人的靈魂，因為各種理由而待在地球上。

## 鬧鬼

鬧鬼跟鬼魂非常不同。鬧鬼（poltergeist）這個字來自於德文「poltern」，意指吵鬧、惡作劇；以及「Geist」，意指靈魂。鬧鬼通常會出現很大的聲響，像是敲牆壁、重擊聲、拍打聲、砰砰聲，伴隨著物品移位的現象。有些物品會被舉起來，暫時飄浮，接著又摔下去。有些則只是移動或移位而已。

鬼通常只會在晚上出現，可是鬧鬼則是二十四小時都會發生。鬧鬼通常會圍繞著一個人，而不是待在一個地方，而鬧鬼通常會跟著這個人從一個地點移到下一個地點。通常事件會突然發生，持續好幾天，甚至好幾年，最後突然停止。

雖然有許多相反意見，我相信鬧鬼並不是鬼魂或沒有安息的靈魂。我認為，鬧鬼是一些人身上散發出來的一種無法控制的靈異活動能量，這些人在生活中有難以解決的問題，或是來自於深深壓抑的情緒，像是青少年壓抑的性欲望。我有個朋友在青春期時經歷了可怕的鬧鬼事件。幾年後，我問他這件事，他說他找出原因了。他說這是對一個家人深層、未解決的情緒。當情緒累積到不可控制，乃至一瞬間爆發時，就會發生鬧鬼事件。

通常遇到鬧鬼事件，我會建議接受療癒，並加上住家淨化。我覺得如果療癒師要處理一個遇上鬧鬼事件的人，最好要有心理學的資格背景，並了解超自然的世界。多數被鬧鬼纏上的人，一旦他們發現並重新經歷到內在未解決的問題就是困境的心理成因，就會從鬧鬼事件中解脫了。

## 危機幽靈

這些幽靈看起來像是鬼魂，但卻非常不同。就像它們的名稱一樣，這些危機幽靈（crisis apparition）總是在危機時刻現身。舉例來說，一位母親會「看見」他的兒子，當他的兒子在戰場中受傷時。或者，一位妻子會「看見」丈夫，當他死於心臟病發，即便他那時在千里之外。這些危機幽靈，只會被看到一次，通常是被親朋好友看見。這些景象來自於創傷時刻強大的靈通投射。房子裡如果出現這些現象，不需要淨化，除非看見它的人產生了恐懼的情緒，而淨化是要移除任何殘留的恐懼能量，並不是危機幽靈本身。

## 雙生靈

　　雙生靈（bi-location）是生者的靈魂出現在幾里之外的地點（通常他們自己也不知道）。雖然極為罕見，但還是有許多案例指出有個人看起來跟另一個人一模一樣，即便他們的肉體相距遙遠。通常，「被看見」的人跟看見的人之間，會有某種情緒連結。通常被看見的人不是在睡覺就是在冥想，才會發生這件事。我有個朋友，他的祖父是倫敦「高等思想」的老師，被請去英國北部講課，但因為生病而無法出席。他在原本要講課的時間睡得香甜，想著已經聯絡過主辦單位了。

　　一週後，他收到稱讚他講課的信件。他傻眼了，因為他當時人在英國南部，生病躺在床上。當他跟熟識他的主辦單位確認後，他們確定他真的來講課了，而他當時正躺在自己的床上酣睡！這就是雙生靈的實例。這位男士也許在潛意識中太想要履行他的講課承諾，所以在睡夢中，靈魂出體，去了講課地點。

## 認出鬼魂

　　通常，辨認你家有沒有鬼的最好方法（如果你沒有真的看到鬼），就是信任你的感覺。如果你家有地方總是覺得寒冷潮濕，卻沒有任何導致寒冷的物理來源，這就是鬼魂存在的證據。如果你家有地方讓你覺得身體很沉重，待在那裡會呼吸困難，這也代表有地縛靈存在。

　　通常，鬼魂出現時，你會感覺到寒冷或心情低落，但不一定都是如此。有時候也會有「快樂鬼」出現，但即便是這種狀況，空氣還是令人覺得厚重。這些寒冷、沉重、低落、呼吸短促的感覺，都是因為空間中阻礙了氣的流動（參見第13章）。然而，如果你調整家中的能量流動，卻依然還是有地方或空間讓你感覺到這些症狀，那麼原因可能就是鬼造成的。

## 清除鬼魂

這本書中的所有方法都可以用來解放地縛靈。但也有一些驅除徘徊在你家的鬼魂的特殊技巧。

首先，一定要記得鬼魂不能傷害你，除非你怕它們。如果你怕，就很難從你家解放它們。你反抗的東西會堅持留下來，你越怕鬼，它們就越會纏著你不放。你的恐懼，比鬼魂更能傷害你。

辨識鬼魂的第二項原則，就是徘徊在你家的鬼魂需要你的支持。基本上鬼魂被束縛在地球上，是沒有身體的。它們就像是播放老舊的錄影帶，一再重複循環。最終，它們會因為一直待在這裡而不高興，就像你也不開心它們待在這裡。當你了解到你家的鬼魂也曾有身體和情感（歡欣及失望），你內心的慈悲就會湧現。這會讓你用最適當的立場來清除你家的鬼魂。

不是每次清除鬼魂都很簡單。有些鬼魂很固執，你必須要用一點說服力才能讓它們確定可以安心離開。有時候，清除鬼魂就像是告訴小孩，上床睡覺的時間到了。它們可能堅持己見，但最終還是會高興的離開。如果你遇到很固執的鬼魂，你必須要柔和、但堅定的讓它們知道，不要講任何不確定的詞彙，坦白告訴它們：你們已經沒有肉體了，必須要回到大靈或光中。

跟待在你家的靈魂講話，就像你跟朋友講話一樣。發自內心溝通，但不要恐懼。你可以說：「請原諒我這樣跟你說，你已經死了。你沒有肉體。你需要回到光中。彼岸有許多朋友正等著你，所以安心去吧。」這種真誠、直接的對話，非常有效。通常，直接了當的方法就夠了。如果你遇到非常頑固的鬼魂，你可能需要找專門驅鬼的專家協助。然而，大部分的時間，你可以帶著慈悲和愛，自己清除那些待在你家的鬼魂。

## 清除鬼魂的技巧

(1)徹底淨化你認為有鬼魂存在的空間。

- 徹底淨化空間，包括地板、窗戶、地毯。打掃凌亂的物品、灰塵，等等。
- 在房間裡燃燒海鹽或瀉鹽，倒入酒精（參見第4章）。

- 拿鹽繞房間灑一圈，在門口或窗戶留一個開口，讓靈魂可以離開。
- 進行這個儀式時，讓窗戶和房門打開。如果外面很冷，你可以留一個縫隙就好。

## (2)獻上能量，釋放鬼魂

- 拿一枝專門釋放鬼魂的七日燭。
- 將蠟燭放在最靠近你感應到鬼魂的地點（確保不會造成火災）。
- 當你點燃蠟燭，把意圖集中在鬼魂上，並說：「你現在可以進入光中了！」帶著自信和肯定的語氣，連說三次。
- 敲打鑼或搖鈴（越低沉的聲音越適合），帶著力量和愛，並說：「現在進入光中！」重複三次。
- 離開房間前，呼請彼岸的神靈前來，幫助地縛靈踏上離開的旅程，並說：「我請求協助靈魂從地球抵達天堂的神靈和指導靈，請幫助這位靈體離開。感謝祢們的指引和愛。」
- 我通常都會加上：「朋友，祝你旅途安好。願你的旅途中，平靜與你同在。」
- 讓蠟燭持續燃燒七天，因為燭火的能量會創造焦點，讓彼岸的助手前來，繼續提供需要的協助。

大部分的情況下，上述技巧就足以釋放的地縛靈。一定要記得，沒有什麼好害怕的，溝通時要堅定又慈悲。

# 16

第16章

## 藥輪：
## 神聖的生命之圓

　　我用來淨化空間的一個方式就是源自神聖生命之圓。這是個非常完整的系統，你可以用來淨化並清理家中能量。許多原住民文化都有根據生命是個圓的符號和傳說。我的美洲原住民祖先將神聖生命之圓稱為「藥輪」（Medicine Wheel）。我用藥輪，不只是為了榮耀祖靈，也是因為我相信藥輪的哲學觀傳達出對周遭能量的強大理解。我也相信，藥輪能量在未來幾年一定會被啟動。

　　如果要了解美洲原住民的藥輪，你必須先知道原住民的哲學觀是建構在「良藥」（good medicine）和藥輪。為了從美洲原住民的角度理解藥的觀念，就一定要重新定義「藥」。我在這本書使用「藥」一詞，指的並不是傳統對抗療法的藥物，而是任何幫助你更能連結和校準大靈及周遭世界的一切事物。當這發生時，你的身體、情緒、頭腦和靈性都會獲得療癒。「藥」讓你獲得個人力量──「藥」是協助你更能自我實現的一切事物。美洲原住民的「藥」包含可見的與不可見的領域，教導你如何與自然的關係更加和諧。他們認為世上只有一本聖書，那就是大自然的神聖手稿。

　　藥輪是生命的自然循環，是不斷脈動的圓，充滿每個生命。它轉進生命，又再度轉出。它是誕生、死亡與重生。它是宇宙的偉大藥輪的曼陀羅，被創造出來的萬事萬物都有適合的位置。它是我們的身體、頭腦、靈性和心。它是黃道、生命之輪、吞下自己尾巴的蛇、《聖經》中以西結的預見、阿茲提克的曆法、納瓦霍人展現世間所有造物的沙畫、四風、四大元素、四大方位。十六世紀的神祕學家雅各‧博罕（Jakob Böhme）寫道：「神的存在就像一個輪子，其中有許多輪子在其他輪子之中，以及上下左右，但它們又同時一起持續旋轉。實際上，當一個人拿起輪子，他會非常驚訝。」

　　藥輪是魔法之圓，廣納一切生命。原住民了解這個魔法之圓，尊敬它所代表的概念，並在日常生活中使用它。許多人的房子都是蓋成圓形。因為圓形太重要了，它在印第安人的儀式中扮演了核心的角色。他們在淨汗屋的聖圓裡淨化身體，淨汗屋是象徵回到子宮的淨化儀式。他們圍一圈聚在一起開會，讓每個人都不會被隔離，也有平等的話語權。音樂也是用圓形的鼓演奏，舞蹈也是以圓形的方向進行。

　　圓形沒有開始，沒有結束。對我的祖先來說，生命就是從誕生到死亡、

再重生的循環。他們了解，生命就像四季一樣，會經歷不同的生命階段。離開生命的循環旋律，會導致不和諧，甚至生病。這個圓被認為是內在對生命的理解，顯化在外在的形式。藥輪中的不同象限代表四大方位、四大元素，而每一個象限都被賦予不同的特質。用心理學的詞彙來說，藥輪的每一個象限代表一個人個性的不同面向。這不是嶄新的觀念，因為著名的人格心理學先驅榮格（Jung），曾發表過這個觀念，表示人的個性有四種面向。

　　風、水、火、土四大元素，包括各式各樣的顏色、植物、動物，都是藥輪的基準點。雖然細節會依據不同部落而有差異，但是他們都同意神聖的生命之圓的重要性。有些部落會將藥輪延伸至十二個基準點，對應到一年的十二月份，以及「地支」的一種形式。

　　不同元素（動物、鳥、植物、礦石等等）如何對應到四大方位，每個部落和文化的詮釋都不一樣。所以不用擔心如何找出哪一種詮釋最適合、或「最正確」。重要的是，了解每一個方位都有自身的力量，並代表你自己的不同面向。對你來說最適用的才是重要的。當你或你家的面向，以藥輪來呈現是和諧的，你賦予每個方位何種元素就不重要了。你會在生活中更平衡，這才是重要的。用你的直覺決定，你感覺適合的是什麼，就像你用直覺找出你的圖騰動物一樣（參見第14章）。我在這一章提出的四大方位和四元素，是根據我個人的經驗。你可以自由修改，找出你生活中最適用的意義和組合。

# 東方——風

　　東方的力量就是風的力量。風是崇高的理想。當嬰兒出生，吸入第一道空氣。風是新生。風讓你的靈魂翱翔。輕柔的微風、暴風、風暴、氣流、龍捲風、旋風、溫暖和寒冷的風，都屬於自然界中的風元素。自然界中，風在地表上空循環，能夠俯瞰生命。你內在的風能夠看得很遠。你的風元素是宇宙的，是啟發、整合、自由、移動。風帶來提升、振奮、擴展。風是你的思想，是理性的力量。

# 南方——水

南方的藥之力量是水。水代表感受和情緒。水是你的直覺，與靈性的深度連結，是你神聖的夢境、靈通感應、內在知曉。這是你內在的女性面向。瀑布、猛烈的海洋、溫柔的海水、山澗、柔軟的梅雨、暴雨、迷霧、雪和冰，都屬於自然界中的水元素。水是流動、鎮靜。水是療癒，是情緒的力量。

# 西方——火

火是轉化的藥之力量。它代表釋放舊有並擁抱新生時的煉化。木頭燃燒時，就改變了形式。火會改變舊有模式和習慣。火是淨化和重生。太陽，是自然界中最能代表火元素的展現。森林火災、燭火、營火，甚至是鐵鏽（緩慢的火的形式），都屬於自然界中的火元素。火是放射和振動的能量。火是光明和變質，是靈性的力量。

# 北方——土

土元素是智慧，是扎根接地。土是完整，是強大的內在知曉，知道自己與大自然和大地連結。土讓你在逆境時站穩腳跟。土是你的健康和你食用的食物。自然界中，土是你看見的土壤，以及岩石、埋在深處的石頭、卵石，有些則是你看不見的。土包圍了一切把根穩穩扎進土壤的事物，像是樹木和植物。土是孕育、豐饒、穩固，是物質的力量。

## 四大方位的住家淨化

藥輪哲學、四大方位、四大元素的使用，並不是新的概念。大部分與大地連結的文化，都會榮耀四大方位，並在淨化儀式中運用四大方位。以下是我運用四大神聖方位和元素，發展出來的方法。這個方法有七個環節。前

兩個環節是準備步驟，可以在任何時刻進行，不需要在每一次淨化房屋前都
進行。

# 1. 榮耀並成為四大方位

　　藥輪是基於自然的力量，像是地球的磁力。每一個方位都有自身的能
量，並且以不同方式影響我們。科學家已經發現人類的大腦裡有次原子大小
的磁粒子，據說這些大腦中的粒子能夠感應並針對地球上的磁場做出反應。
雖然研究者不認為這些磁場會影響我們，有些人還是相信我們的身體會對磁
場有所反應。這可能就是古老文化榮耀四大方位的道理，我們的大腦會對地
球的磁力流動產生反應。四大方位有各自的能量。每一個方位都有獨特的能
量和力量。如果要覺察每一個方位的不同能量，可以對著每一個方位冥想，
直到你能夠感覺各個方位不同的能量為止。

### 榮耀四大方位的步驟

1. 確定哪一個方位是東方，觀察太陽從哪邊升起（朝陽會從東邊升
　　起），或拿一個指南針。
2. 靜坐，面朝東方。
3. 做幾次深呼吸，讓心靈平靜下來。
4. 對東方之靈敞開自己。
5. 面對東方時，安靜的觀察你的思緒、身體的感覺，以及情緒。
6. 想像你正在轉變外形，變成東方的存在（你可以將東方之靈擬人化，
　　想像你就是那個人物。或者你可以擴展你面對東方時的感覺，讓那種
　　感覺完全包覆你）。
7. 當你覺得完成後，感謝東方之靈。
8. 面對其餘三個方位，重複以上步驟。

　　榮耀方位不應只是說說而已，它非常重要，你會深深了解你內在方位的
力量，也就是許多文化中稱為「神聖四風」的力量。繼續上述的練習，直到
你真的感覺到並了解四大方位的力量。

## 2.榮耀並成為四大元素

這偉大又美麗的宇宙中，每一個部分都是你內在的一部分。風是你的呼吸，河流是你的血液，太陽從你心中升起，山巒從你的靈魂隆起。如果要用四元素淨化房間，就一定要了解風、水、火、土這四大元素都在你的內在。它們並沒有與你分離。要「變成四元素」的話，在大自然裡花時間感受與每一個元素合一的感受。舉例來說，要連結土元素的話，就躺在大地母親上。想像你可以感覺到大地母親的心跳就在你下方。想像你的意識不斷擴展、再擴展，直到你感覺自己與整個地球合一為止。感覺你地核的熱度，感覺你南北極的寒冷，感覺你赤道的熱度。感覺從你內在隆起的高山，感覺雨林生機盎然的生命，感覺廣袤沙漠的乾燥。把雙手和雙腳深入大地，可以協助你連結大地的能量。

以下的簡單冥想，讓你可以連結四大元素。你可以把這個冥想錄下來，並播放給自己聽，或者讓別人在你進入深度放鬆狀態時，念給你聽。

四元素冥想

花點時間調整成舒服的坐姿，確保你的脊椎挺直，身體放鬆。開始自然的呼吸，緩慢、輕鬆的呼吸。每一次呼吸，都讓自己放鬆，並放下。現在，運用想像力，抵達大自然中的美麗地點。可能是你去過的地方，或是你想像出來的地點。

想像你自己在那裡漫步，找到安靜的地點，好讓你可以坐下來。想像你坐下來，閉上雙眼。把意念專注於呼吸上，讓頭腦平靜下來。當你感覺到舒適和放鬆，把意念專注於周圍的空氣。開始感覺空氣，感覺微風輕撫過你的皮膚。聆聽微風撫過樹時發出的嘆息，每一刻，讓圍繞著你的空氣變成你的意識。開始連結空氣，讓你感覺空氣中每一個部分。感覺風變成你的摯友，甚至變成你自己的延伸。運用你所有的感官來感覺空氣。

聆聽呼吸的聲音，想像你睜開雙眼，你可以看見空氣的流動。想像自己變成空氣。注意你變成風的時候有什麼感覺，注意你的情緒和思緒。讓自己想像你正翱翔躍過樹梢，向下滑翔進入峽谷，你在廣袤的草地上跳舞——想像你變成風。現在，深呼吸，將意識帶回坐在大自然裡的自己。

讓你自己沉入更深度的放鬆狀態，將你的注意力和思緒放在水元素。想像你在大自然中，靠近瀑布、溪流、河川或海洋的地點。讓流水的聲音流經你。想像你在的地方有溫柔的霧瀰漫著，感覺細緻的水滴輕撫你皮膚的觸感，想像組成水元素的所有形式。想像地中海的藍色海水。想像你的身體泡在溫暖芳香的泡泡浴裡，或者跳入清涼的瀑布裡。記得，水來自不同面貌，溫柔或狂暴。嗅聞、感覺、觸摸、品嘗、感知水元素。讓它灌溉你的靈魂。進入水元素的旅程。變成雲朵——觀想自己奔流而下，接著變成神祕的盤旋噴霧。觀想自己與水元素「合一」。讓自己體驗全然的液態流動。接著做幾次深呼吸，將意念帶回呼吸上。

現在，允許火元素從你的意識湧出。想像金色太陽的熱度照射在你身上，感覺陽光的溫暖穿透皮膚每一個毛細孔。觀想火之靈接近你，感覺自己在儀式中獲得淨化。就像薩滿與火元素合一，想像自己變成了火焰。感覺能量和力量從你內在湧現。連結溫暖友善的火焰帶給你的感覺，感覺一群人圍繞著營火時的同袍情誼。將所有火元素的展現納入你的內在。火是改變與轉化。想像自己變成火的每一個面向，從山頂神廟中的一盞燭火，到猛烈的森林大火。成為火焰，感受火焰散發的力量、溫暖和療癒力。成為火焰代表的友誼。讓火焰成為你。火元素帶來光明與生命。與透明的金色陽光融合。

現在，開始將土元素帶入體內。想像你自己正在尋找你的大自然地點，看見礦物界和植物界展現出來的美，礦物界和植物界都屬

於土元素。看見宏偉的樹群——這些壯麗生命的錯綜複雜。感覺下方的大地，感受它持續更新和滋養力量與支持。注意山巒和它們高聳的力量：它們見證了千年來的改變。感受它們的智慧，閉上雙眼，開始感覺力量之網，以及你與大地之間的結盟。專心讓自己與土元素完全連結，感覺大地的沉穩、安定與寧靜能量。

漸漸讓你自己離開冥想狀態，意識到你與四元素調頻校準。重複不斷的做這個冥想，直到四元素與你合而為一。

每一個元素在靈性世界都有它們的源頭。每一個元素都充滿特殊的智慧，只要與它們建立關係，就可以獲得。古代薩滿會榮耀並向四元素致意，取得智慧、力量和掌握目標。他們知道如何與元素建立關係；你與元素的關係，對於了解自己來說是很重要的。當你為了與元素溝通，敞開自己，你就更能整合，你變成大自然的一部分，而不是自然的敵人或受害者。

為了要有效運用藥輪方法淨化房屋，一定要感受並了解四大元素和四大方位，不要只用頭腦，而是用靈魂。

## 3.擊鼓繞圓

鼓是用來擊碎任何沉滯能量，讓能量在家中循環。從站在大門開始，拿著鼓，貼著胸口（參見第127頁）。如果你沒辦法站在大門外，你可以站在大門裡面，面朝整個家。透過祈禱，祈求大靈、四方之靈、四元素之靈，來協助你淨化你家的能量。最好是用自己的話來祈禱，但你也可以用下列我提供的範例來祈禱：

「願居住於萬物之中的大靈此刻前來，帶來祝福與和平。

風之靈，我請求祢甜美的淨化之風充滿這個家，感謝祢的指引和協助。

水之靈，我請求祢淨化和療癒的本質充滿這個家，感謝祢的指引

和協助。

　　火之靈，我請求祢轉化的溫暖充滿這個家，感謝祢的指引和協助。

　　土之靈，我請求祢沉穩的力量充滿這個家，感謝祢的指引和協助。

　　四方之靈和神聖四風，請從宇宙四大象限的時空中前來，我請求祢們協助淨化和平衡這個家中的能量。吼！（「吼」（Ho）音的意義大略等於「如所祈願」。）」

　　接著緩慢、莊嚴的在門邊以順時針繞圓，在每一個象限擊鼓。如果你想像你正面朝一個巨大的時鐘，你是在三點鐘、六點鐘、九點鐘、十二點鐘的方向擊鼓。在門口擊鼓的同時，專注意圖，你想要在這個家達成什麼效果。繞圓四圈後，再結束。

　　打開門，進入家中。如果你家不只一層樓，從最低的樓層進行。可以的話，從最低樓層裡，以朝東的房間開始，順時針方向進行。在每一個房間裡面，也是從最東邊的角落開始順時針繞行房間。

　　在第一間你要淨化的房間裡，面向最東邊的角落，將鼓拿到胸前。花幾秒沉靜心靈，將鼓靠近地面，開始敲擊，接著把鼓往天花板移動。我發現，中等穩定的節拍最適合（適合鼓棒敲打的節奏，就像風扇一樣的節拍，大概是每秒三拍）。往上掃過角落一次應該就夠了。然而，如果那個角落的聲音聽起來很沉悶和有重擊聲，那麼就繼續敲擊，直到你每一下敲擊都聽見俐落的響亮聲音。當每一下鼓聲都很俐落，就表示能量乾淨了。

　　繞著房間周邊時，繼續敲打穩定的鼓聲，敲一下鼓，去一個角落，或是任何你覺得能量黏膩的地方，將鼓從地面往上掃到天花板。繞行完整個房間後，應該要回到你一開始的角落，完成你剛剛在房間中放置的能量，將鼓以順時針方向向四大方位繞圓（右、下、左、上）。

　　現在走到圓的中央，面朝東方擊鼓四下，面朝南方擊鼓四下，繼續朝西方和北方擊鼓四下。接著，鼓面朝著地面，擊鼓四下；高舉著鼓，鼓面朝上，擊鼓四下。接著，拿到胸口位置，敲最後的四下。你現在已經在一個房

間完成了「擊鼓繞圓」。繼續在房子裡的其餘房間這樣做。要記得，擊鼓時要在心中抱持著清楚的意圖，知道你想要什麼成果。擊鼓會震碎任何沉滯能量，促進能量流動，並呼請大靈的協助。

## 4. 煙燻繞圓

擊鼓讓能量流動，煙燻則可淨化能量（要了解煙燻，請見第6章）。從大門開始，使用羽毛或整片羽翼，以及火盆中的煙燻藥草，重複跟擊鼓繞圓一樣的方式（但你不需要重複祈禱）。使用羽毛，將煙輕輕搧進圓裡，就像你面對著一個時鐘──先在三點鐘方向搧煙，接著六點、九點、十二點。小心翼翼的搧煙，不要把煙燻杖的灰也掃進來。你正在創造一個圓，讓踏進這個家的人都會踏進這個能量圓。

重複跟擊鼓一樣的步驟，但這次是用煙燻杖和羽毛。從最低樓層中最東邊房間裡的最東邊角落開始，以順時針繞行房間，再到下一個房間。繞行房間時，用俐落的動作，抱持這個意圖，煙燻會淨化並清理房屋的能量。

## 5. 吟唱繞圓

擊鼓移動能量，煙燻淨化能量，而吟唱則是呼請大靈。從最低樓層中最東邊的房間開始，站在房間中央，吟唱「嘿呀」（Hey Ya）。這是美洲原住民呼請大靈的方式。我通常都會重複：

> 「嘿呀、嘿呀、嘿呀、吼。」

你也可以使用另一種吟唱：

> 「風啊、水啊、火啊、土啊。歸來、歸來、歸來、歸來。」

吟唱兩到三分鐘，或是直到感覺對了，就可以停止。接著安靜一段時間，想著大靈充滿了整個房間。在每一個房間都這樣做。

## 6.請求大靈和神聖四方賜予祝福

　　走到最接近住戶能量中央的空間（通常是客廳），請住在這裡的人在你請求大靈祝福時，一同進入圓圈裡。呼請風、水、火、土之靈，以和平充滿房屋。你可以在此時加入特殊的請求。以下是祈禱的範例：

　　「願大靈此刻與我們同在，帶來祝福與平靜。我們請求這間房屋成為聖殿，讓所有踏進這裡，以及住在這間房子的人，能夠興隆，並在心中找到平靜。願這個家成為喜悅、健康、慈愛。

　　願風之靈充滿這個家，願我們的思想純淨。
　　願水之靈充滿這個家，願我們的情緒平衡。
　　願火之靈充滿這個家，願大靈一直與我們同在。
　　願土之靈充滿這個家，願我們的身體健壯。

　　願這個家成為虛弱時的休息站，成為光明的發射站。
　　我們萬分感謝接收到的祝福。」

　　另一種請求大靈協助的方法，是使用沙鈴（參見第128—129頁）。站在房子中央房間的中間，用右手拿著沙鈴，放鬆的呼吸。讓雙眼失焦，將你的意識帶到腹部。讓你的手腕放鬆自在。朝著東方搖沙鈴，停下來，並說：

　　「東方之靈，時間之風的領域，
　　進入風元素、心智領域之門，
　　請來到聖圓中，教導我，
　　請來到聖圓中，讓我們獲得自由。」

　　轉向南方，搖沙鈴。繼續搖著沙鈴，直到你感覺到南方的能量充滿你。停下來，並說：

「南方之靈，感受之河的領域，
進入水元素、神聖、療癒之門，
請來到聖圓中，敞開我，
請來到聖圓中，讓我們獲得自由。」

　　轉向西方，搖沙鈴。繼續搖著沙鈴，直到你感覺到西方的能量充滿你。
停下來，並說：

「西方之靈，閃閃發光的領域，
進入火元素、轉化、明亮之門，
請來到聖圓中，轉化我，
請來到聖圓中，讓我們獲得自由。」

　　轉向北方，搖沙鈴。繼續搖著沙鈴，直到你感覺到北方的能量充滿你。
停下來，並說：

「北方之靈，古老、大地母親的智慧的領域，
進入土元素、死亡與重生之門，
請來到聖圓中，強化我，
請來到聖圓中，讓我們獲得自由。」

　　再轉向東方，搖沙鈴。繼續搖著沙鈴，直到你感覺到上方的能量充滿
你。停下來，並說：

「上方之靈，
請來到聖圓中，啟發我們。」

　　繼續搖沙鈴，直到你感覺到下方的能量充滿你。停下來，並說：

「下方之靈，
　請來到聖圓中，穩定我們。」

繼續搖沙鈴，直到你感覺到大靈的能量充滿你。停下來，並說：

「萬物之中的大靈，
　請來到聖圓中，充滿我們，
　我們請求祢，為這個家充滿優雅、美麗、平靜。」

你現在已經淨化房子中的能量，呼請大靈祝福這間房子。離開前，創造藥輪來集結並發射能量。

## 7. 為你家創造藥輪

將四大方位、四大元素、大靈的力量帶進你家的最好方式，就是創造一個藥輪。如果你家有土地環繞的話，可以在戶外創造藥輪。或者，也可以在室內創造，成為散發生命能量的曼陀羅，不斷集中和吸引宇宙能量到你的生活空間裡。藥輪可以大到能坐在裡面冥想，也可以小到直徑只有十幾公分。大小並不重要——小型藥輪跟大型藥輪一樣都可以協助你達成目的。無論藥輪大小，或是你製作了多精美的神聖之圓，都會持續供給能量，並將自然的靈性帶入你家。

### 在戶外創造藥輪

創造藥輪的第一步，是收集對你來說有重要意義或特殊的石頭。理想上，最好是當地的石頭。你需要四顆主要的石頭，代表四大元素。這些石頭會組成圓的周邊。我建議你走一趟「力量步行」，取得這些石頭，方法如下。前往你比較容易找到石頭的地方，就算是三十到八十公里遠都沒關係。進行住家淨化前，踏上你的「力量步行」收集石頭，讓你要創造藥輪時手邊有準備好的石頭。如果你喜歡，可以在「力量步行」時候撿一些石頭，讓你足夠創造好幾個藥輪。

開始「力量步行」前，閉上雙眼。感受風元素，讓雙眼微微張開，開始用腳尖到腳跟行走，行走時深呼吸、速度放慢，心中知道你正被適合放在藥輪東方的完美石頭吸引。你可能會在太陽神經叢的位置感覺到一股拉力或暖流。讓眼神失焦，風元素石頭會跟其他周邊的石頭，感覺起來或長得不太一樣。走一趟力量步行，直到你收集了四大方位的石頭，以及在主要石頭之間完成圓周的石頭。

在你家周圍選擇一個你要創造藥輪的地點。一旦你決定藥輪的中心點，請求大地母親的允許，在那裡插入一個木樁。在木樁上綁一個繩子，移動繩索在木樁周圍畫一個真正的圓。讓圓圈中有足夠的空間可以踏入（至少直徑九十公分）。標記你剛剛畫出來的圓。帶著敬意，將四顆主要石頭沿著圓圈擺在四大方位上，每一顆石頭的間隔要相等（如果你想要幫某人的家創造藥輪，我建議你請住戶加入藥輪的製作過程，因為這會將他們的能量編進圓圈裡）。接著，在主要石頭之間，各沿圓周放入四顆小石頭。這些小石頭會創造一個元素到達另一個元素的通道。現在，你創造了一個有二十顆石頭的圓圈（四顆主要的石頭放在四大方位，十六顆連結石頭）。將另外四個石頭放在圓圈中央，一個方位一顆，就形成大圓圈裡的小型中央圓圈。這個內在圓圈是藥輪最神聖的部分，這是獻給大靈的部分。

花一點時間創造你的藥輪，讓每一個步驟都帶著愛與關懷，而不是急躁或倉促。這是個神聖的工作，請帶著敬意對待藥輪。

## 在藥輪中冥想

當藥輪的起點是東方。總是從東方進入和離開藥輪。如果你要坐在藥輪裡冥想，可能要考慮先煙燻過再踏進去。把藥輪留在大自然中，讓雨水滋養，讓風煥新。定期透過淨化和重新幫石頭充電，更新藥輪的能量。你的藥輪成為有生命的曼陀羅，持續運作，吸引宇宙的能量到你家和周邊土地。藥輪是永不止息的更新過程，就像自然本身一樣。藥輪是我們可以為自己創造的工具，用來撫慰靈魂，與元素重新連結。它是外在世界與內在生命領域的交界之處。

創造一個室內藥輪

你會需要以下物品：

- 有邊沿的小型圓形托盤。
- 紅土（如果沒有紅土，任何沙都可以）。
- 小型的平滑卵石（可以在力量步行的過程中收集，參見第243—244頁）。

創造小型藥輪前，先將沙鋪在托盤上，與邊沿齊平。把鋪滿砂土的托盤放在室外至少二十四小時，讓它滲入元素和大自然的能量。

將托盤帶進家，拿起第一顆石頭（東方石），用手握著它一會兒，祝福它。

用左手拿著燃燒中的藥草，燻過右手，拿著石頭，燻過煙時說：

「我將你獻給風之靈。請求風之靈和東方之靈充滿這個家。」

謹慎的以順時針方向排列石頭，從最東邊的象限開始（在每一個象限都握著那個方位的石頭，燻過煙燻藥草，在將它擺進藥輪前，先將它獻上，連結那個方位和元素）。

另一個選擇就是在聖圓裡使用寶石或半寶石。我會在東方使用黃水晶，南方使用紫水晶，西方使用白水晶，北方使用煙晶。圓桌也可以用來擺藥輪。把圓桌放在房間角落，或是走廊盡頭、入口通道。或者，你可以把藥輪安放在房間中央的咖啡桌上。羽毛、苔癬、貝殼，以及其他自然界的物品，都可以用來代替石頭，製作藥輪，用生機盎然、富有創意的方式展現四大元素和自然。我知道有許多人會在桌上擺藥輪。這些藥輪不只很美，也是將能量吸引到家中的焦點。

# 用四大元素充滿你的家

風元素淨化：拍手、沙鈴、鼓。

水元素淨化：用能量水在空間四處灑淨、用芳香精油的噴霧噴灑房間。

火元素淨化：瀉鹽加酒精燃燒、燃燒蠟燭、煙燻。

土元素淨化：在角落灑鹽，朝上灑，也往下灑。


召喚風元素：燃燒薰香、使用風鈴或搖鈴。

召喚水元素：使用噴泉、瀑布、魚缸。

召喚火元素：燃燒七日燭。

召喚土元素：使用水晶、礦石、植物。


將象徵四大元素的物品放到聖壇上。例如：

風元素：一碗空氣。

水元素：一碗水。

火元素：一枝點燃的蠟燭。

土元素：一碗卵石。


藥輪會帶領我們回到最簡單的生活形式。它讓我們回到當下，沒有複雜的自我或社會規範。藥輪告訴我們，需要什麼讓自己更完整。在藥輪之圓的結構中，在整體中，悉皆具足。藥輪可以用來作為一個象徵工具，汲取知識，連結不同的實相。神聖之圓也是接收所有自然能量進入你家的地方，在這裡，元素、方位、大靈都受到致意和祝福，這個家因而也受到祝福。

# 17

第17章

## 室內重新校準系統

　　這一章，我提供了世界各地不同文化中的空間淨化技巧。我使用「室內校準系統」（interior realignment systems）描述囊括這些傳統和技巧的研究領域。這本書一開始把重點放在淨化自家的特定技巧，而這章提供的資訊可以讓你大致了解這些技巧如何互相搭配，形成淨化與更新居住空間的完整系統。

　　這一章當然無法提供足夠深入的細節，讓你能夠完全照著做（這樣的話我就得再寫另一本書了！）。儘管如此，我還是希望讀者看見這些技巧在文化的脈絡中如何互相搭配，能夠增加你對於空間淨化的理解，也因此能幫助你進行淨化。這一章最後有疑難解答，回答你在淨化空間時可能會有的其他問題。

## 祖魯族的空間淨化

　　我最近造訪了非洲的波布那，待在祖魯族的村落裡，跟一位舉世聞名的祖魯族聖者科瑞多・穆特瓦（Credo Mutwa）求教。我詢問這位崇敬的藥師，在祖魯族的傳統中，空間淨化的方法是什麼？他告訴我，非洲各地，「他們聖化萬事萬物……墓地、人們聚集的地點、儀式、搬新家——在爭吵或任何事情後。」如果閃電擊中了家園，就會聖化家園。當兩個村落之間開闢了一條新的道路，那條道路就會被聖化，所以不會有「邪靈」走那一條路。如果羊被偷走了，找回來後，就會聖化那隻羊，釋放竊賊的能量，移除依附在羊身上的祖靈。

　　祖魯族會使用藥草製成聖化儀式的藥。他們要不是點燃藥草，熄滅火焰，產生淨化的煙；就是將藥草混合到水裡，噴灑整個空間。他們會使用三種類型的藥草：第一種是防止外來影響，第二種是帶來力量，第三種是讓每個人都愉快。

　　使用煙燻的方式之一是在夜晚紮營時，將類似鼠尾草的煙吹遍整個營地（看到祖魯族用來淨化的煙燻藥草是灰綠色的藥草，跟美洲印第安人用來進行煙燻儀式的藥草，無論是聞起來或外觀都很像）。

　　當藥草在水中混和後，放在容器裡。用一個器具或樹枝浸入藥草水裡，

接著彈樹枝，形成噴霧，灑淨需要淨化的空間。

　　因為南非的政治和社會困境，許多淨化儀式都是在發生暴力後和出獄後進行。舉例來說，當一對夫妻出獄後，他們一定會泡在充滿神聖藥草的浴缸裡。他們會睡在床兩旁的地板上，直到其中一個人夢到可以安心回到床上了。這樣他們才不會把監獄的能量帶到床上。

　　當一個人出院、遭到性侵，或是有孩童遭遇性騷擾，祖魯族的桑格瑪（sangomas，譯註：祖魯族的藥師／巫士）會磨碎藥草，吹在當事人身上，這樣他們就不會將創傷的殘留能量帶入家中。當一個人入監服刑或是住院，回到家時會把舊的衣服燒掉，穿上新衣服。這樣他們的舊衣服就不會把監獄或醫院的能量帶回家裡。

　　當他們生病，或有人作了惡夢，整個家都會被淨化，全家都會參與使用鹽、水或海水的蒸氣儀式。在水裡放鹽，煮滾直到冒出蒸氣，所有的家庭成員會蓋著毯子坐下，靠近蒸氣，淨化自己。因為非洲部落的房子比較小，蒸氣會蔓延整個房子，淨化房屋內的一切空間。

　　當一個人死亡，親友都會哀悼一整年。守喪一年後，就會進行淨化儀式。當時用來挖墓地的鏟子會埋在地底長達二十一天，讓大地母親淨化它們。這個家的一切都會被淨化，象徵重生。

　　搬進新家前，全家人會坐在舊家的地板中央，為房屋之靈生起聖火，請求神靈跟著他們一起搬進新家。搬進新家後，他們會用綠葉的樹枝打掃家裡，淨化他們的新家。

　　綠葉的樹枝也會用來進行其他儀式，當科瑞多的兒子因為部落間一場激烈的暴力事件而慘遭殺害，科瑞多說他用綠葉樹枝打掃兒子摔下來的地點，淨化那裡。

　　科瑞多也解釋，如果桑格瑪沒有時間或藥草可以聖化空間，那麼他們就會吟唱聖歌，並說：「此地已領受祝福。」如果沒有藥師／巫士可以幫你淨化空間，先看看周遭有沒有任何人看得見，接著在你要淨化的區域周圍撒泡尿。

　　對祖魯族來說，鹽是強大的淨化工具之一，而水跟鹽通常都會混合在一起，對著淨化的空間噴灑九次（如果女人懷胎，會每個月灑一次）。如果手

邊沒有鹽或海水，就會燃燒植物，使用灰燼（裡面有一些鹽殘留）。

祖魯族的淨化儀式也會向天地四方致意，祖魯族和美洲原住民一樣，認為榮耀元素和方位很重要。就像許多原住民文化一樣，祖魯族不喜歡家裡或建築物中的角落。他們說，這就是「邪靈」待的地方。祖魯族稱角落為「醜陋的隱蔽地」。美洲原住民也說「邪靈住在角落」。這也是為什麼多數的原住民傳統房子都是蓋成圓形的結構。

## 愛沙尼亞人的空間淨化

阿斯提‧尼米（Astrid Neeme）是著名的愛沙尼亞療癒師和空間淨化師，也是我的老師之一。她的工作擴展至北歐國家，也被世界衛生組織認可。我在芬蘭的工作坊，很榮幸請她來淨化空間。她友善的跟我分享許多他們淨化房屋沉滯能量的傳統。

阿斯提提到邪惡能量的說法就跟科隆多一樣。雖然我個人的觀念裡沒有「邪惡」能量，但每一個我花時間了解的原住民文化都會把需要淨化的能量當作「邪惡」的能量。我則認為要淨化的能量是沉重的，而非邪惡的。當我請其他傳統的空間淨化師描述「邪惡」能量，他們用的詞彙跟我用的一樣：沉重、黑暗、靜止不動。也許我們只是用不同的字眼來描述同樣的經驗。

我問了阿斯提，如果有人要搬家前請她去淨化房屋時，她會做什麼。她會先花時間與對方溝通，並親自勘查房屋，因為她使用的方式和工具「非常仰賴於房屋內的住戶和靈體」。她說：「我最常用來淨化房屋的物品是水、鹽、祈禱、煙和火。我在淨化前的事前準備是請求內在導師和指導靈，那一天是不是淨化房屋適合、正確的時間。」

我問了阿斯提，一個人是不是需要大量的訓練後，才能執行住家淨化。她說：「最重要的是專注。」（阿斯提叫做「專注」，而我叫做「目的性意圖」。）她繼續說道：「我早期開始淨化房屋時，都會流失大量能量和力氣。但我現在學會如何專注，所以我再也不會流失大量的力量。」

阿斯提依靠占星學和月相，「我不會在新月的時候進行住家淨化。那時候沒有足夠的能量可以成功進行淨化儀式。我發現我在滿月的夜晚進行淨化

儀式最好，特別是在週四晚上。一週的每一天都有各自的能量，而週四是最適合住家淨化的日子。」

阿斯提使用的煙，來自古典教堂的薰香以及原住民的植物，像是杜松，在住家淨化時，清除低等星光層中的有害能量。她說：

「使用薰香時，我會站在一個角落，以逆時針方向繞行房間（這個部分是我們之間的差異，我總是用順時針）。使用薰香的時候，我會加上愛沙尼亞教堂裡幾世紀以來使用的祈禱。這些禱詞已經創造出集體的能量，因為有許多人都用同樣的禱詞來祈禱。

「祈禱非常有力量，它們可以創造和諧。使用薰香加上很強的專注，祈禱會變得非常有力量。我使用的一些技巧是傳承自我的外曾祖母、外曾曾祖母，甚至更早的祖先。」

## 鹽淨化

「這個使用鹽的強大空間淨化法可能來自於埃及。將海鹽放在平底鍋裡，把鍋子放到火堆或爐子上加熱，加熱鹽的人要誦念主禱文，加熱時要求邪惡的力量離開，請求良善的力量注入房子裡。如果海鹽開始跳出來，或聽到奇怪的聲音，看見奇怪的景象，淨化師不應該害怕。淨化師不應該注意這些事情，重要的是，他不能轉過去看聲音或怪事發生的方向。

「海鹽要繼續加熱，直到再也不會跳出來，或沒有任何聲音或奇怪的景象。當淨化完成，海鹽要倒入馬桶，沖很多次。沖掉海鹽的時候，淨化師應該要念誦禱詞，要求靈體回到它們原本的地方。

「這是另一個我使用的鹽淨化技巧。這不是古老的技巧，而是我從一個拜訪我國家的人身上學來的。我先請住戶在紙上寫下他們要求居住空間獲得淨化。接著我打開所有的門和抽屜，把鹽灑在各處，甚至是抽屜裡和櫥櫃裡。這麼做的時候，我要求一切有害的能量離開。接著，我點燃蠟燭，燒掉那張紙。

「我請所有人離開十分鐘。在他們回來之前，要抓一小把鹽放進嘴巴，這樣離開房屋的邪靈就不會再回到這間屋子。我接著請每一個人想像或觀想手掌就像火焰一般，當他們回到家時，用手將不好的能量驅除出去。

　　「一旦所有不好的能量被驅除出去，門窗就會關上。最重要的條件是，這時候外頭應該要是黑夜。接著住戶會離開房屋五分鐘以上，剩下的鹽會放在小容器裡，擺在房間中的角落，鹽要放到隔天。當晚不能有人睡在那間房子，因為鹽要完成空間淨化。

　　「隔天早晨，房子已經徹底淨化過了。再拿走鹽，倒進馬桶，沖好幾次。結束時，會誦讀禱詞或真言。最後一件事，就是我在誦念真言時，會用手畫一個五芒星。有時候我會使用梵語真言，因為我發現梵語真言在任何的空間淨化儀式中都很好用。當你淨化每一個房間，不斷重複誦念梵語真言，呼請真言的古老智慧進入這個家裡。」

## 蘇格蘭的空間淨化師

　　薇琪・派特森（Vicky Patterson）在蘇格蘭幫人淨化房屋。她是腳踏實地的女性，對遇到的所有人都散發強大、慈愛的接納。她說她的技巧是以她主要的巫術，結合了各式各樣的技巧。她也鼓勵每個淨化房屋的人發展出自己的儀式，這樣他們就可以繼續維持空間的安全，不必依賴她。我很幸運能夠在蘇格蘭親自體驗她的空間淨化技巧，這些技巧真的很棒。

　　薇琪說：「在某個人的家裡進行儀式時，我會先拜訪他們，討論為什麼他們要淨化空間。這讓我有機會可以去到那個空間，有時候房子的問題是跟人有關，並非空間。有時候就是空間需要淨化，這通常是最簡單的。有時候是兩者都有問題。」

　　薇琪踏進屋內，檢查是否需要淨化時，會用雙手感應空間的能量。她說，有時她感應到沉滯的房屋能量──寒冷的感覺，或者彷彿有重量壓在她的頭上或肩膀上，有時候那個地方感覺像是有道簾子，很難經過。她也會檢查植物，植物是能量的信號。如果角落的植物莫名死亡，通常就是有堵塞的能量。

　　薇琪也會使用西藏金剛鈴探測空間是否乾淨。她說：

「如果空間很乾淨，鈴聲就會很清澈，餘音裊裊。如果空間不乾淨，聲音就會沉悶、短促。我第一次拜訪時，跟住戶對談，用雙手和鈴感應能量，基本上，我是在決定這個地方需要怎麼淨化。

「淨化房屋能量時，我使用鹽、水、煙燻。煙燻的時候，我使用這個國家種植的藥草，裝在特殊的容器裡，放在圓形炭上。我也會透過拍手和西藏金剛鈴來轉換房間中的能量流動。除此之外，我會點不同顏色的蠟燭，產生不同效果。我也會燃燒保護用的薰香。

「我們用迷迭香、薄荷、百里香等藥草燻過彼此。或者，如果沒有這些藥草，我就會使用買來的煙燻杖。我向母神表達敬意，祈求她祝福這次的空間淨化。有時候房屋的主人會想要在此刻加入，一起祈禱。我們接著離開聖圓，在門框、窗櫺以及我感覺最需要淨化的區域灑鹽。我會確保我在房間的角落放了鹽。如果有壁爐，我也會在裡面放鹽。

「用完鹽後，我會煙燻整個空間，我會特別注意空間中能量較弱的地方。我用雙手探測能量的感覺，接著在每一個角落，沿著牆壁上下拍手，並沿著窗戶以及門框周圍拍手，轉換並改變能量。我通常會在空間移動物品，這會帶來驚人的成效。

「如果我在有很多角落和隙縫的房間，我會使用鼓或沙鈴，以及其他打擊樂器，讓聲音傳到最遠的角落。當我完成這個階段，會點燃一枝蠟燭，拿著它在房間走來走去，看看火焰晃動的方式。再用西藏金剛鈴檢查，聽聽鈴聲。空間的能量轉變後，我會噴灑月光水，作為最後的淨化，也會記得噴灑自己。

「接著移動到下一個空間。如果要淨化整棟屋子，我會把大門留到最後再淨化。當我淨化完整棟屋子後，會把大門打開，讓負面能量從打開的大門離開。如果我只淨化一個房間，我就會把門關上，打開窗戶，讓負面能量從打開的窗戶離開。

淨化結束後，我們會用唱歌、飲食，以及歡迎的禱詞，獻給已進入這個家的能量。」

# 疑難解答

　　我想在這本書中放進這個部分，回答一些淨化空間時可能會遇到的問題。以下是我常被問到的問題。

## 如果你在淨化空間時，感覺不到能量，怎麼辦？

　　我看過有人說他們感覺不到任何能量，但他們的空間淨化也做得很好。這也就是為什麼意圖很重要。如果你把意圖專注於淨化空間的能量，意圖就會在空間變得很強烈，就算你在意識上感覺不到任何能量也一樣。就算你的表意識感覺並不確定，你的潛意識和較高自我也會指導你如何做。

## 如果房子是蓋在墓地上呢？

　　如果你的房子蓋在舊墓地或有軍人戰亡的戰場上，或者任何發生過悲慘經驗的地方，一定要榮耀並跟任何停留在那裡的靈魂溝通（參見第15章）。記得，鬼魂並不可怕，它們需要你的慈悲心。可能引導你去住在那裡，就是為了要服務它們，好讓鬼魂能夠前往光中。這也會幫助你自己的進展。

## 如果沒有工具，可以如何進行空間淨化？

　　可以運用你的雙手和拍掌的方式，擊碎停滯的能量。在每個地方拍掌，直到拍掌聲聽起來清脆。當你拍完掌，可以在房間的各處和角落，為房間「調音」或誦唱。唱誦完後，用你的呼吸把好的能量吹進或帶入空間。

## 何時需要淨化房子？

　　至少一年一次，清理和淨化整個家。春分前的兩個星期，是最適合的時機。徹底清洗窗戶（如果可以的話），把抽屜和櫥櫃的所有東西拿出來，清理裡面。把地毯底下拖乾淨，地毯則拿到戶外晾乾，或送去乾洗。打掃桌子和椅子底下，打掃櫥櫃上的花瓶。丟掉你不需要的物品。如果你已經不喜歡它，或沒有使用的話，就丟掉它吧！家中囤積任何你不喜歡或沒在用的物品，都會拉低整個家的能量。可以的話，觸碰家中每一件物品，向它們一一

致意。故障的東西要修好，丟掉壞了的物品。每年春季的大淨化，會把接下來一整年的能量調好。每個月（最好在滿月左右），適合做一般的淨化，只要更新一下你家的能量就好。每週可以進行一次需要的淨化就好。

以下是淨化住家的其他時機：

### 生活需要改變的時候

如果你覺得你的生活、工作卡住了，需要轉換方向，那麼可以改變住家能量。如果你的關係迷失方向，需要改變，這都是淨化住家的好時機。或者，如果你感到無聊，改變你家的樣板來改變生活。

### 家中有人生病或受傷後

家中有人生病或發生意外後，一定要重新召喚健康的能量到家中。

### 家中有難以相處的客人或負面經驗後

負面經驗和訪客會在家中留下能量的殘留，這是淨化家中能量的好時機。

### 如果你總覺得很累或覺得能量枯竭

有可能是心理或身體原因導致，但如果你改變家中能量，通常也會幫助生活的其他領域開始改變。

### 遭遇竊盜

發生竊盜或闖空門之後，一定要進行徹底、完整的住家淨化。否則，竊賊殘留下來的能量，以及你驚慌失措的情緒，會瀰漫整個家，影響住在裡面的其他家人。

　　要記得，淨化你家的時候，你不只是在清除住家表面的垃圾和髒汙，透過愛的關注，你也重新為住家注滿能量、在靈性上增強住家的力量，因而也重新充飽你自己的「靈性電池」。許多佛教徒認為打掃禪寺的工作是很光榮的，熱切希望自己被分派工作，因為他們知道打掃是到達開悟的道途。

　　清理房屋的時候，對自己說一些肯定語句；「當我清理窗戶時，我也清出了道路，讓陽光進入我的家、進入每一個住在這裡的人的靈魂。」清理地下室的時候，連結地下室，它代表整棟房屋的扎根和穩固感。感覺大地母親的靈魂從地板湧出，進入你的腳底，祥和與寧靜的喜悅充滿了你的整個自我。

## 房子一定要一直保持乾淨嗎？

　　有時候，房子太過乾淨反而反映了失衡，也沒必要把家整理得太乾淨。一塵不染的房子，有時候代表著深層的情緒障礙。舉例來說，童年遭受過家暴的倖存者，通常都有強迫症，要把所有的東西擺在對的位置。他們需要控制周遭環境，因為他們沒辦法控制內在的情緒。

　　有時候凌亂的房子，反而亂中有序，很有創意，讓人舒服。一塵不染的房子並不一定是潔淨的房子或快樂的房子。一間乾淨的房子應該讓人感到舒服、自然，而不是拘束或刻意。一間凌亂的房子也應該讓人感到舒服、快樂，而非亂七八糟，屋主還沒有自覺。

　　生命不斷循環——沒有什麼事物會永恆不變。住家變髒亂和變乾淨——都屬於創造與生命的循環。如果你本來就不愛乾淨，就接受這樣的自己。但如果你的生活卡住或停滯了，考慮打掃你家。通常，這會幫助你釋放障礙，讓人生開始進展。

## 如果青少年的房間一直很髒亂，怎麼辦？這會對整個家有負面影響嗎？

　　我相信，一定要讓孩子有一個覺得自己可以掌握的空間。祝福小孩房的門，祝福小孩，這樣他們的房間就不會對整個家的能量產生負面影響。

## 淨化房屋的入門工具會是什麼？

我建議四大元素都要有一個象徵物品。以下是幾組入門工具的例子：

淨化乙太和精微能量場的入門工具

風元素：大搖鈴和小搖鈴。

水元素：水晶能量水。

火元素：薰衣草色的蠟燭。

土元素：用缽杵研磨成粉末的鹽。

使用順序：

1. 點上蠟燭，祈禱。

2. 在房間各處灑上研磨過的細鹽。

3. 使用搖鈴，先用最大的搖鈴，最後用最小的搖鈴。

4. 最後用能量水灑淨。

啟動能量場並召喚自然靈的入門工具

風元素：羽毛、鼓或沙鈴。

水元素：泉水，以及灑淨用的松枝。

火元素：煙燻用的鼠尾草或雪松。

土元素：岩鹽。

使用順序：

1. 把岩鹽放在每一個角落，祈禱。

2. 用鼠尾草和羽毛煙燻整個空間。

3. 在空間擊鼓。

4. 用松枝將水灑淨整個空間。

創造光之聖殿的入門工具

風元素：全白的羽毛。

水元素：裝有滿月能量水的噴霧器。

火元素：白色蠟燭。

土元素：四顆水晶。

使用順序：

1. 點上蠟燭。

2. 用羽毛淨化房間。

3. 把四顆水晶放在房間的四個角落，創造乙太金字塔──淨化完後
留在房間。

4. 在空間噴灑月光水

## 我聽你提到「解讀房子」，那是什麼？

每個人的家就跟他們的指紋一樣獨特。每一個人的家，就跟掌紋、字跡、星座一樣，可以加以解讀。每個空間都有故事可以傾聽。透過「解讀」他們家的能量場和物品的位置，可以發現一個人過去的生活、甚至是未來的人生。你可以辨識出他們的過去、現在與未來的關係，尤其可以辨識出住在這個家裡的人彼此的關係。你可以看出他們當下的健康狀態，以及未來在健康上需要注意的部分。最令人興奮的是，你可以扭轉未來的潛在災難，只要改變住家的能量流動和改變房屋的樣板就好。

## 你講到「為家中物品取名」的力量，這是什麼意思？

任何物品，當你為它取了名字和聯想成擬人化的形象，都會比沒取名的物品，散發出更多的生命能量。這在原住民文化裡很常見，會給武器取名字，廚具、神聖法器，也都會被命名。有名字的汽車，會跑得比沒名字的汽

車還要好。如果你幫物品取了名字，像是吸塵器和冰箱（尤其是老舊的型號，需要一點呵護），它們就會運作得更好。

## 如果家中有人不同意進行住家淨化呢？

如果你與不同想法的人一起住，有些東西不符合你的喜好，讓你不能夠做些改變或淨化，那麼房子裡至少要有一個空間是你可以主宰的地方。可能是你的臥室；或者你與人共用臥室，讓你沒辦法改變，那就在家中找到一個只屬於你的地方。就算是一個你淨化過的小角落，也可以散發出強大的能量，為整間屋子帶來正向、愛的影響。

## 哪些方法可以立刻提升家中能量？

- 為你的家，做一次表面的大進化。
- 在每個房間的角落灑鹽。
- 暫時打開所有的門窗。
- 拿掉任何負面的照片或畫像。
- 丟掉任何枯萎或奄奄一息的植物。
- 擺放新鮮的花。
- 點燃蠟燭。
- 燃燒薰香或精油。
- 播放激勵人心的音樂。
- 祈禱，請求神聖之光充滿你家。

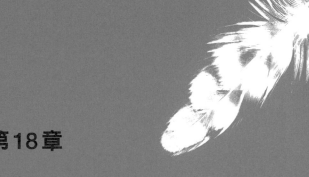

# 18

第18章

## 在你的辦公室創造
## 神聖空間

　　就如你的情緒和能量會受到你家的影響一樣，你的情緒和能量也會受到你的辦公空間影響。辦公室能夠提供美學的滋養，室內空間的色彩和結構會觸碰到你內在的靈魂，讓你可以在呼吸中感受美麗；或者，辦公室會讓你覺得疲勞、無法專注。我們只要踏入不同的辦公室，就可以知道它們對我們的影響了。

　　想像這個場景。你走進一間辦公室，新鮮空氣從打開的窗戶流入，包圍著你。你可以聽到外頭樹葉在微風中窸窸窣窣。木頭地板上鋪著天然羊毛地毯，你的腳步聲因而變小。你把雙手放在美觀的木桌上，觸感溫暖又舒服。角落的檯燈柔和散發令人愉快的光線，照亮整個空間。你的目光被一幅畫吸引，畫中是田園風光，有著起伏的綠色山丘，乳牛安然的吃著綠色牧草，天空點綴了蓬鬆的白雲。空間中擺放著許多大型、健康、生機盎然的植物，角落的桌子上擺了一個藍色薑罐，裡頭插了一大束散發芳香的黃水仙花。辦公桌上有一碗乾燥的橙皮芳香包，傳出一股美好的柑橙味。窗戶旁的水晶，將彩虹光灑落在空間四處。

　　即便只是想像這樣的辦公室景象，就令人振奮。但只有非常少數的人有這麼奢華的辦公室，可以真的帶來滋養和振奮。對許多人來說，辦公室是他們感到被綁住和壓抑的地方。「辦公室」常常是充滿硬邦邦的形狀和外觀，是一個又熱又沒有個人化的方箱，裡面有刺眼的日光燈、無菌空氣、使人衰弱的電磁場、令人煩躁的噪音、人工地毯，以及冰冷、塗上亮光漆而發出光澤的仿木家具。這個環境讓人感到不受關懷和冷漠，這是對人類靈性的殘忍破壞。

　　植物和動物會反映出空間能量的耗竭。然而，許多人類卻壓抑了這些自然的反應。我們適應了辦公室環境施加在我們身上的一切，適應無法滋養生命的現狀。我們變得麻木，讓自己適應大部分辦公室施加的限制，而不是去改造辦公空間，符合我們的需求。我們越是對環境中的負面力量麻木，就容易受到更多傷害，也越缺乏人性。現代的辦公室不關心人性，會讓我們變得遲鈍、無精打采，而這也會反映在我們的工作上，甚至是我們的整體生活。

　　辦公空間可以滋養和支持人類靈性的程度，與它可以否定和壓抑人類靈性的程度是一樣。如果我們的辦公室充滿人性、愛、神聖性，這間辦公室產

生的工作成果，就更有人性、更完整，進而影響我們所有人。這個挑戰，不是要改變自己去迎合空間，而是找出掌握辦公空間的方法，讓它與你的個性與能量相互和諧。

## 你工作的意圖是什麼？

環境決定意識，所以我們實踐生活的目的與我們所處的空間是不可分離的。你對於空間的關注，實際上是強而有力的自我發現過程，其中之一是：「在這個世界上，我的工作，整體來說有什麼價值？」質疑你的工作價值時，你應該要覺得自己是在從事「正業」（right livelihood）。「正業」，意味著你的工作有價值，能夠為他人帶來正面的影響。這並不是指你做特定的工作才是正確的工作，而是指你對工作抱持著什麼樣的脈絡。任何工作，都可以是一份正業，如果這是你看待工作的角度，而且你也在這樣的脈絡下工作的話。

曾經有位男士告訴我，他討厭當大公司裱框的設計師，並且想要辭職。跟他談過後，我發現他覺得那個工作不重要，也不重視它。因此，他覺得自己不被重視，也沒有人覺得他重要。針對他的工作探索更深的價值後，他了解到，相愛家人的照片、珍藏的畫作、小孩子珍貴的塗鴉，都會進入他設計的相框裡。他才明白，他設計的這些美麗相框，會提升這些為人們生活增添喜悅的物品。他決定祝福他的相框，將愛與力量注入其中。他的相框就不只是一組接合起來的木頭，而是散發溫暖、慈愛的能量，為所有人帶來益處。

當他改變對待工作的態度，也在辦公室做了更動（按照我的建議），反映現在對自己和工作的自尊心。幾個星期之後，他說自己對工作有了完全不同的感覺，因為他現在知道他正為其他人提供貢獻。他聲音聽起來活力十足，而且是真的很開心。

一定要從更大的世界整體脈絡來看待你的工作。就像裱框設計師知道他的相框會為人們的生活帶來美好，他就得到了滿足感。你必須找到你的工作中有什麼價值。如果你不喜歡你的工作，但又覺得沒有其他的選擇，那麼就去找出你所做的事情中有什麼價值，這樣你才不會毒害你的靈性。你要知道

你的工作可以為世界帶來貢獻，而你的辦公空間可以反映這樣的意圖。你實際開始為辦公室做些改變前，花時間靜下心來，問問自己這些問題：

- 我的工作在世界上的整體價值是什麼？
- 我個人希望能從這份工作得到什麼？
- 我從事這份工作時，在靈性上獲得什麼？
- 我為什麼做這份工作？
- 如果我不需要薪水，我會做什麼工作？
- 我在這份工作裡的長遠意圖是什麼？

回答這些問題，可以幫助你了解你在生活中從事這份工作的目的。這些了解，可以協助你決定在辦公環境裡要做什麼改變。

## 創造辦公室的樣板

一旦你了解工作的價值和目的後，下一步就是定義你在工作場所想要創造的樣板（參見第11章）。如果要創造新的辦公室樣板，你現在必須要決定你當下的樣板。你目前的工作空間向你和他人傳達出什麼訊息呢？辦公室的門是否會吱吱作響，很難打開？這可能是你下意識想要隔絕他人。你的座位是否背對著門，傳達出你沒興趣跟任何人說話的訊息呢？架子是否太高，讓你沒辦法輕鬆觸及呢？這可能是你在告訴自己一個訊息：「每當我想要得到什麼，我一定要努力才能得到。」

以下的練習，可以幫助你找出目前辦公室的樣板。先站在辦公大樓外，留心自己的感覺。踏進去，感覺現在與剛剛的感覺有什麼不同。注意你的視覺、聽覺、嗅覺、觸覺等感官有什麼反應，以及情緒反應。現在，踏進你的個人辦公室，重複這個練習。

做練習時，問自己以下幾個問題：

- 當你踏進辦公室，你感覺能量增強、還是變弱？更專注、還是更渙散？更輕盈、還是更沉重？
- 辦公室的能量現在傳遞出來的主要訊息是什麼？
- 這個「空間之靈」應該會是什麼？
- 當一個陌生人踏進你的辦公室，他會對你有什麼樣的評價？
- 你在辦公室時，有什麼樣的情緒？
- 當你不在辦公室時，你對工作環境的感覺是什麼？
- 你的辦公室是說「我在乎自己和他人」？還是它會說「我會做這份工作，是因為我必須做，但我自己不喜歡」？

如果你不喜歡辦公室現在的樣子，問問自己，你還想傳達哪些訊息？你想要你的辦公室能量傳遞什麼訊息給同事？你想要辦公室向你的內在自我傳達什麼訊息？創造新的辦公室樣板可以幫助你。也許你不喜歡人們不請自來，到你的辦公室閒晃。如果是這樣的話，那麼你的辦公室樣板就要傳達出一個訊息：「我在這裡是要專心、熱情、專注的完成工作，而且我要一個人獨處。」也許你在公司的位置是人人可接近的。你的辦公室樣板需要表示：「歡迎你來拜訪。這裡是友善又吸引人的地方。」如果你渴望某個特性，而你的辦公室樣板卻投射出另一種，這樣會發生問題。舉例來說，如果你想要工作有更豐盛的發展，而你的辦公空間看起來很晦暗而拘束，就會降低你創造你所渴望之事的能力。

一旦你清楚了解自己想要傳遞的訊息，以下的建議可以幫助你創造新的辦公室樣板，提升並清理你辦公室的能量。

## 辦公室的物品擺設

我們會大幅受到住家和辦公室的物品形式、形狀、空間、線條影響，物品之間的關係也是如此。它們會在動能之間交互影響，在我們的生活中創造和諧，或製造分裂。你辦公室中物品擺設的方式，會影響你的健康、福祉、創意、豐盛，以及工作態度。

## 辦公桌位置

辦公桌的位置最重要，是所有家具位置中最重要的一點。通常，簡單調整辦公桌的位置，就可以改善你的運勢和情緒狀態。通常，最適合辦公桌的位置，是門的對角線。在這個位置，你通常能全觀整個房間。這個位置傳達出權力、最大力量和權威，這裡可以增加你的專心和掌握感。

不要讓辦公桌的位置背對門，對多數人來說，這會產生恐懼的潛意識感覺，也會象徵機會離你而去。試著面向門坐，但不要直接坐在門的對面。如果你沒辦法把辦公桌轉向，讓你可以看到門，那麼就放一面鏡子，讓你可以看到背後的空間。就算是一面小鏡子，也能在心理上發揮功用。

另外，要考慮辦公桌跟光源的關係。如果你背靠著大面透光的窗戶，踏進你辦公室的人，因為你背後的光太亮，會難以看清楚你的臉。當他們沒辦法清楚看到你的眼睛或臉部，就會減少溝通。就像是跟一個戴墨鏡的人對話一樣。我發現，如果我在分享簡報時，背後有窗戶或是有明亮的光源，聽眾會比較不專心，或是跟我或簡報的主題比較沒有連結。

避免讓你的背靠著室內窗戶，特別避免人們經過你時，「從你肩膀上一覽無遺」。這樣不只會造成不安，也會削弱你在公司的地位。如果無法避免，在桌上或是遠處牆面上掛一面鏡子，讓你可以看見經過室內窗戶的人。

可以的話，背靠著固定、樸素的牆面，這樣做，會讓訪客可以把焦點放在你身上，以及你所說的話，不會被你背後的景色或藝術品分心。

如果辦公室有個窗戶看出去有宜人的景色，把辦公桌擺在那邊，讓風景的能量和優美可以流經你。你也可以放一面鏡子，讓你無論坐哪裡，都可以看到窗外的景色（避免把鏡子放在你的背後，因為這會讓遇見你的人分心）。直接面對窗戶，有時候會把你的焦點從工作上轉移到戶外風景，所以調整辦公桌的位置，讓你可以看到窗外，又不會直接面對窗戶。

如果你的辦公桌面對任何不愉快的人事物（你討厭的人、黑暗的長廊、無趣的電腦終端機等等），在你跟那些物品之間的桌上，放一盆植物、一顆水晶或美麗的碗。這些物品會抵擋干擾你的能量源。如果你的辦公桌面對著同事的辦公桌，在你們兩人之間放個美麗、和諧的物品，會增加你們之間的

親密感。

　　如果你想要有更多收入，那麼就把辦公桌放在辦公室的財富宮（物品擺設的八卦系統請見第13章，幫你決定辦公室裡的位置）。無論你把辦公桌擺在哪裡，都會受到對應的八卦宮位影響。

　　與同一間辦公室裡其他辦公桌的關係，也會影響你工作的能量。有一位女性找我諮詢，她跟行政助理的關係很不愉快。她解釋，與她共用一間辦公室的助理，在工作上表現很好，但她們一直有權力鬥爭。她的助理想要掌控每一個狀況，常常暗中破壞主管的權威。此外，每當有人踏入空間，助理都是第一個接待對方的人，不由自主的想要掌控接下來的狀況。

　　當我問了她們的辦公桌位置怎麼安排，她告訴我，助理的辦公桌在面對門口的對角線角落（權力位置），而主管的辦公桌面對牆，背靠門（最糟糕的辦公桌位置）。換句話說，助理的辦公桌在空間中是處於更優越的位置。下意識來說，這是在告訴助理，她是掌控全局的人。這種辦公桌的擺設位置，影響了助理和主管之間的關係，彷彿士兵跟將軍交換了彼此的軍服一樣。

　　之後，主管跟助理交換了座位，她說之後的轉變太驚人了，她們現在有更融洽的關係。

　　因為每一間辦公室都會受到無數能量場的影響，運用你的直覺搬動辦公桌，而不是依賴僵化的規則。將你的直覺考慮進去後，運用上述的資訊，協助你做出決定。

## 辦公室的力量點

　　每一個房間都有一個力量點。可以的話，把你的辦公桌放在力量點上。就算你不能這樣做，也要注意房間裡哪個地點是最有力量的位置。

　　辦公室力量點非常獨特。房間裡的力量中心，可以增強你，也能夠削弱一個人。要了解這個現象的話，想像人們到了海灘，有些人想要在海灘附近的峭岩上，攤開毛巾，安全的看海；有些人選擇在開放的平面；而其他人則靠近潮水。每一個地點都提供了各自的美麗和力量。峭岩提供保護、庇蔭和控制的自在感；開放的沙岸給人擴展、敞開和自由；而起伏的海浪則提供刺

激、能量和移動。

## 找出辦公室的力量點

1. 選一個在辦公室不受打擾的時間。做這個練習時，先清除垃圾和不需要的陳設。
2. 花時間靜下心來，做幾次放鬆的深呼吸。雙眼微閉，依然可以看得到，卻又不會只依靠視覺來感受空間。
3. 走到空間中似乎是最有力量的區域。
4. 坐在你選上的地方。閉上雙眼，注意你在情緒上和身體上的感受。
5. 在同一個地點，面朝不同方向，注意每一個方向帶給你的感覺。
6. 移動到另外一個地點，重複這個過程。持續練習，直到你知道哪個地點最適合你。如果方便、也可行的話，直接把桌椅放在那個地點，讓你可以直接面朝最適合你的方位。

你可能沒辦法把桌椅移到力量點，但就算你不能把桌椅移過去，至少花時間待在你的力量中心。舉例來說，喝咖啡休息時，你可以站在你的力量點，或把椅子搬過去坐在那裡。

如果你在辦公室裡有一張桌子，考慮以下幾點。圓桌會帶來群體感受，以及「我們都是一夥」的感覺。在需要創意發想的辦公室裡，圓桌是最適合的桌型，因為圓桌的螺旋能量會激發創造力。正方桌或長方桌，適合需要快速、有效率的完成。如果你的工作需要處理細節或管理金錢，使用正方桌或長方桌。

在辦公桌開會時，要記得，最有力量的位置就是面朝門的位置。另一個比較隱約的力量位置，則是桌子最北方的位置。這個地方是力量位置，是因為我們都下意識的收到地球的磁力影響，磁力會流向北方（北半球）。會議中，能量會自然流向坐在北方的人。

在辦公室擺放設備的時候，試著讓自己遠離這些設備，讓你可以遠離電磁場（參見第12章）。可以的話，確保時鐘、收音機和空調等設備都至少離你至少九十公分遠。盡可能離電腦遠一點。工作時，頭部不要靠近日光燈或

鹵素燈。用磁力儀檢測辦公室的電磁場，盡可能讓自己不要長時間待在強力的電磁場中。

## 淨化辦公室的能量

提升辦公室能量的最快方式就是打掃。當你搬進一間辦公室，一定要先徹底打掃，接著一年至少做一次完整的春季淨化。這一年一度的淨化，是能量更新的時機。清潔和整理所有物品。不能只清理辦公桌的表面，也要清空抽屜，丟掉任何不需要、沒在用、不喜歡的物品。由裡到外，清理窗戶和櫥櫃。清理時，重申你的工作意圖（默念或講出來都可以），例如，「我做的工作，為我的家庭、社群和地球帶來貢獻，提供這些貢獻時，讓我覺得振奮和有力。」

除了實際清理辦公室之外，利用這個時機整理裡面的所有東西——每一張紙、每一張備忘錄，甚至是筆和鉛筆。辦公室中的所有物品都有能量，一定要榮耀、並向它們致意。進行辦公室春季淨化時，要注意到所有物品。舉例來說，如果你有一隻壞掉的鋼筆，要不是拿去修，就是直接丟掉。假設你的打字機需要新的打字帶，更換它。你沒在用或不喜歡的物品會結合起來，降低辦公室的能量。清理的過程中，如果你發現需留意的信件或備忘錄，要不是直接答覆，就是擬定新的回答計畫。注意你的資料夾、檔案、備忘錄、個人工作用書，以及辦公室中的設備。確實整理、完成或修補一切。除了年度淨化之外，定期的表面淨化也會帶來立即的改變。淨化和關心辦公室的所有面向，會讓辦公室閃耀著光芒、能量和喜悅。

## 空氣品質

另一種淨化辦公室能量的方法，是提升空氣品質。常常，辦公室的空氣很難聞、不斷回收循環，也無法提升健康。不是所有人都買得起或取得一台空氣清淨機，最簡單的解決辦法就是在辦公室裡擺放植物。前美國太空總署環境科學家比爾·沃夫頓（Bill Wolverton）建議，在辦公室擺放植物是最簡

單的方法，能夠清除辦公室空氣中常有的苯、甲醛和其他空氣傳播的汙染物質。

沃夫頓說：「我們都知道植物能對抗汙染，我們只是不懂怎麼做到而已。」沃夫頓在美國太空總署研究人類要如何在月球或火星生存的時候，它發現植物的葉片實際上會吸收空氣傳播的汙染物質，將有毒物質輸送到根部，被那裡的微生物直接吸收（《OMNI》雜誌，1993 年 8 月）。在辦公室適合的位置上，放幾盆植物，可以立刻感覺健康的生機盎然。然而，要注意：如果植物有枯萎的葉片，要把枯葉拔掉。如果植物開始看起來變虛弱、不健康，就丟掉它吧。生病的植物，不只對整體辦公室能量帶來負面影響，也會影響植物所處的房間八卦宮位。

另一種改善辦公室空氣品質的方法，是在辦公桌旁放小型的負離子空氣淨化器。幾乎馬上你就會注意到空間內的差異。待在你辦公桌附近的人會精神為之一振，也會精力充沛。如果空氣太乾燥（大多數的辦公室空氣都是如此），你可以考慮放一台加濕器。這不只對辦公室裡的植物有好處，加濕器中的水能量還能讓靈性平穩下來。

芳香療法也是立即創造美好氛圍的絕佳方式。多數的辦公室，你不太能夠燃燒檀香或乳香。然而，大部分經理不會討厭從精油擴香器散發出來的些微檸檬、柑橙、柑橘或玫瑰香氣。如果你不能使用蠟燭精油擴香器，就在噴霧瓶中滴入幾滴精油，定期在空間噴灑。你也可以考慮放一盆芳香乾燥花（天然香氣，而非人工香精，以免引起一些人的過敏反應）。這可以轉換辦公室的整體能量，人們經過時會說：「好香啊！」

## 提升辦公室的能量

某些工作環境缺乏美感和整體感。有些人甚至認為美感是不利的條件，或是讓人耽溺。但你越是讓工作環境更有美感和宜人，你的工作和個人領域就能越興旺，你的辦公室能量也能越提升。

# 顏色

要創造美麗的辦公環境，考慮因素之一是顏色。選擇辦公室顏色時，要考慮四件事。

## (1) 達到渴望效果的顏色

藍色是鎮靜、寧靜的顏色，帶來提升寧靜的感受。黃色是振奮、激發溝通的顏色。紅色是鼓勵行動的顏色。有些顏色會強化你，有些則會削弱你的能量。舉例來說，會用粉紅色讓囚犯平靜。一天下來，你周圍的顏色一定要讓你感覺強大與平衡，所以粉紅色符合你的工作需求和目標。（詳見第12章，深入探討每個顏色的效果。）

## (2) 你喜歡的顏色

如果被喜歡的顏色包圍，你會感覺更好。舉例來說，如果你喜歡天空藍的顏色，也能夠用在辦公室裡（粉刷在牆上；如果沒辦法的話，在空間裡放一個天空藍的物品），會在你心中提升有益的情緒反應。如果你整天被討厭的顏色包圍，會讓你的感官麻木，對你的生產力造成有害的影響。例如，如果你小時候都在綠色房間裡遭受處罰，綠色就會是讓你生氣的顏色，要避免在日常生活中使用這個顏色。

## (3) 讓你看起來更強壯、精力充沛、健康的顏色

近年來有一股潮流，企業主管會穿著提升他們生理特性的顏色。例如，有人穿上海軍藍的衣服，會看起來神采奕奕、有活力，而穿上淡黃色會讓他看起來毫無血色、病懨懨。但其他人穿上淡黃色，可能看起來有精神和活力，而穿上海軍藍卻顯無能和虛弱。主管會選購衣服的顏色，是讓自己在商業界裡能展現自己最好的一面；然而，他們並不瞭解在辦公環境中使用同樣的顏色，也對自己有好處。如果你穿著明亮的顏色最好看，在工作時也讓明亮的顏色圍繞你。如果你穿著柔和的粉色最好看，在工作時也用粉色當成你的背景色。辦公室的顏色（無論是牆面顏色還是擺設的顏色），對於你的感

覺和他人看待你的方式，都有極大的影響。

### (4) 光線對顏色的影響

空間顏色能量的重要要素就是光線，包括光量和類型，無論是人工照明還是自然光線。日光的顏色，會根據地理位置和窗戶方位而有所差異。南方的陽光比北方的陽光溫暖。美國西北部，葉子會長得比較密，光通常會有比較淡的綠色色相。在沙漠地區，溫暖的色光通常很明亮、刺眼。

計畫辦公室顏色時，要考量到你使用的人工照明。白熾燈的光是黃色調，會散發出黃色的色相。日光燈（甚至是色溫修正後的日光燈），會照射出冷色系、藍色調的光。全光譜照明燈泡，據說最靠近日光。但我們大部分都習慣黃色調的白熾燈，所以全光譜的光色有時候會太冷色系（更多全光譜照明的資訊請見第12章）。由於辦公室的光源會影響辦公室的顏色，你可以使用一些顏色來平衡人工照明和天然光線所產生的暖色調與冷色調。

如果你不喜歡辦公室裡的光源，帶一個檯燈去工作。就算你不能關掉日光燈，在辦公桌放一盞粉紅色調的小檯燈，可以幫你創造色光的平衡。

珍妮的工作表現還不錯，但有時候，她覺得完全沒有人稱讚她對公司的貢獻。除了調整她辦公室的物品擺設之外，我也建議她改變辦公室的顏色。她的職位剛好能夠讓她粉刷整個辦公室。她的辦公室原本是沉悶的灰棕色，她換成了明亮的金色。她也把檯燈放到辦公室，增添橘色色調。她回饋道，她在辦公室中不只感覺更強大、更有活力，因為她真的喜歡這些顏色，當人們進入她的辦公室，他們會稱讚她看起來很棒（新的顏色襯托了珍妮的氣色）。資深主管原本沒有注意到她，現在開始會走進她的辦公室跟她聊天。

珍妮選擇的顏色符合四個標準。這個顏色①達成她想要提升空間能量和激發溝通的效果，因此創造出溫暖的社交氛圍；②是她喜歡的顏色；③完美襯托出她的髮色和膚色；④光線提升了顏色。珍妮認為，改變辦公室的顏色，在她的職場生涯中帶來了巨大的差異。

## 相片

家庭合照或喜愛的人的相片，會將美好的群體感帶入枯燥乏味的環境

中。把你崇敬的人的相片帶到工作場所，也很有意義。在我的辦公室裡，我的電腦座位附近，有一大張祖母的相片，她是卻洛奇人，穿著完整的原住民服飾，頭上戴著羽毛頭飾，在風中搖曳（雖然印第安女性通常不會戴頭飾，我認為我的祖母是透過戴頭飾來宣告她的力量）。我的祖母是性格恬淡的人，但她散發出一股寧靜的自尊和深深的正直。即便我沒有注視相片或坐在相片旁，潛意識裡都覺得她正從我肩膀後方看著我。我喜歡認為她的存在會影響我所做的工作。

## 搬進新的辦公室

如果你正要搬進新的辦公室，一定要有好的開始。辦公室裡前一位使用者和物品的擺設，會大幅影響你的感覺和你在這間辦公室的表現。

### (1)決定你工作的目的

當你了解這份工作在物質上和靈性上的價值，你就能形成一個意圖，知道你為什麼要做這份工作，以及這份工作能帶給你什麼。這很重要，因為你的表現會和你的意圖相連。

### (2)決定辦公室的樣子

你想要你的辦公室給他人和你的潛意識，傳遞什麼訊息呢？

### (3)徹底淨化一切

由裡到外淨化辦公桌。就算抽屜裡面看起來一塵不染，也要用檸檬水擦拭（做法是，你可以擠一整顆檸檬，或者加三顆檸檬皮到四公升的水裡）。檢查所有櫥櫃和儲藏區裡面，確定所有窗戶都很乾淨，清理所有窗簾和百葉窗。淨化辦公室各處，一絲不苟。

如果辦公室之前的人運勢不好，考慮用檸檬水額外淨化和洗刷牆面、門、窗框。你想要在辦公室有一個乾淨的開始，而最好的方法就是進行徹底的淨化。

淨化時，腦海中要想著肯定語句，情況允許的話，可以說出來：「這是我的空間，這裡的能量非常乾淨。」

### (4) 檢查辦公用具

檢查一切物品，確保它們可以運作。檢查燒壞的燈泡、堵住的削鉛筆機、生鏽的裁紙機等等。辦公室的每一台電子和機械設備都有意識，也會傳送出訊息。如果你辦公室有內線電話，聲音品質很模糊不清，那麼別人可能認為你是含糊不清或精神渙散的人。如果電話按鈕黏黏的，或是很難按壓，就表示你的潛意識在告訴你，跟別人溝通很困難。如果時鐘一直走得過慢，你可能會發現自己一直浪費時間。假設時鐘走得過快，你可能會發現自己總是好高騖遠。如果辦公室裡有東西壞掉，沒有用，那就丟掉！

### (5) 祝福你的辦公室

可以的話，使用四大步驟（事前準備、淨化能量、召喚能量、保存能量），使用書中描述的方法。但許多現代的辦公室，可能沒辦法讓你一手拿著煙燻杖，另一手拿著羽毛，朝著四大方位搧煙。如果是這樣的話，你可以考慮偷偷的在角落沿著辦公室的牆邊灑鹽（也許你可以在週末或休假日來）。清楚的要求你的辦公室受到祝福（大聲說出來或在心中默念），你可以用以下的禱詞：

> 「願良善與愛的力量，祝福這間辦公室。願所有踏進來和待在這裡的人，快樂、健康、興旺、有創意。」

或是

> 「願這間辦公室成為和平的避風港，為更大的世界顯化和平。願天使守護辦公室的角落，願所有待在這裡的人獲得禮物。」

# 在你的辦公室創造好運

1. 獲得洞見：在辦公室擺放書籍，一踏進來就看得到。
2. 獲得明晰：在門內掛上風鈴。
3. 獲得心靈平靜：把辦公桌放在可以看見門的位置（傳統上風水會避開門的直線位置，但你的直覺最重要）。
4. 增加豐盛：注意辦公室和辦公桌的財富宮（八卦宮位的資訊請見第13章）。
5. 給辦公室帶入更多愛：在牆上掛一面圓鏡。
6. 增加好運：在桌上放一盆鮮花。
7. 清除工作阻礙：清理走道的障礙物，移開放在門後的物品。
8. 吸引機會：吱吱作響、卡住的門和門把，用油潤滑。把入口清潔得閃閃發光。
9. 擴展願景，開啟創意：淨化你的辦公桌。

　　我們的辦公室可以變成具有人性和神聖的地方。我們照顧辦公室的方式，可以讓它們變得神聖。簡單在桌上擺一盆鮮花、你愛的人的照片，或改變辦公桌的位置，都會讓一切不一樣。我相信，人們在創造辦公空間時，應該要在空間注入人性。把辦公室創造成神聖空間，最終會提升生產力、財務所得、創意，以及辦公室的人際和諧。把我們工作的地方變成我們喜愛的地方，會轉變我們的生命，也會為周遭所有人的生活帶來正向的影響。

# 19

第19章

## 傳送光

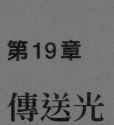

一個人可以帶來不同。將和平的綠洲注入你家，這宇宙中的一個小角落，就會讓整個世界都不一樣。

　　我曾經遇過一位天使，我指的是我能夠看見並對談的真的天使。祂是一位年長的黑人紳士，在我家附近一個公園溜冰。不用在意我怎麼知道祂是真的天使，我就是知道。祂只跟我說了幾句話。（我很疑惑，天使會很嘮叨嗎？）祂說，生命中只有兩件事情最重要：對其他人的愛，以及對神的愛。我常常想到祂說的話。當我想著人生意義，衡量所有行為的價值，我試著讓生活中的優先順序遵守這兩句話。

　　淨化你的家時，你可能要問自己：這個行為能夠貢獻我的愛給我自己和他人嗎？如果答案是對的，那就做吧！如果你改變住家，是因為你的房子不是你喜歡的樣子，那麼就暫時別做吧！再等等，直到你能夠溫柔且慈愛的接納。房子是生命，跟你的親友一樣。它們需要關愛和接納，就像人類需要關愛與接納一樣。如果你的朋友體重過重，有慈悲心的你不會說：「你現在這樣很不好。你有些問題需要解決。」你會說：「你是我的朋友，我愛你原本的樣子，無論你的外觀如何，我支持你個人的人生旅程。我想要你知道，你對我來說很特別，就像我對你一樣。」這相同的慈悲心、關愛的方法，也會對房屋產生很棒的作用。一束新鮮的野花、孩童的笑聲、一壺咖啡、溫暖的擁抱，可以將房子變成快樂和帶來療癒的家。

　　到最後，我們必須要透過內心和靈魂，決定如何在家中生活。敞開的心靈，會包覆和擁抱所有生活空間的愛，從自家或公寓的私人處所，一直到「地球村」（也就是我們在地球的家）。比起房間中央一疊髒衣服、沒洗的碗盤、髒亂的空間，是非對錯的嚴格信念更會削弱從住家散發出來的正面能量場。是你的意圖、你的愛、你的慈悲，讓你周圍的生活空間閃耀並散發著生命力和靈魂。

　　每一天的開始和結束，在心中抱持著這樣的信念：你的家是神聖空間，你做了什麼並不重要——重要的是你是誰。用愛和溫柔接納你自己，完完全全的自己，會創造出宇宙中的最大力量，超越一切形式。知道你是誰就夠了。只要身心安好，其他都不需要。你很棒，你現在就很棒。你的家也很棒，本來的樣子就很棒。接受你自己和家是你自我的延伸，就是接近大靈的第一步。

　　重要的是，你對於你家的願景。如果你沒有錢、時間、體力，不能一次創造出心中的願景，也沒關係。你的意圖是神聖的話，就會在適當的時機實現你所愛和希望的一切。是你的意圖和祈禱，才會將光與喜悅的能量注入大門，在窗戶閃耀，照亮黑暗。你打掃家裡時注入的愛，淨化空間時說出的肯定語句，都會形成接近大靈的螺旋，將大靈愛的能量傳回來給你。

　　在這個地球進展的時代裡，快樂的家是湧出嶄新、生命能量的淨化點。你的家在未來的變遷時代會是一座聖殿，成為避雷針，經由你散播和傳送能量到這個宇宙。你的家可以成為磁鐵，吸引來自四面八方的正面能量。這會對你家附近的地區有正向、強大的影響，在不斷擴散的漣漪中，散發良善的能量，遍及整個地球。

　　你的家會與光的能量產生共鳴、一起歌唱、一同脈動，觸及你周遭所有人的生活。你的家可以變成神聖空間。當你被這神聖空間包圍著，你會重新連結上你的能量來源，愛與天使力量將圍繞著你。你開啟了新的管道，讓能量流入，以及發射出去。接著，彷彿藉由魔法，你周遭四處似乎重新出現了愛、健康與豐盛。不要懷疑你本身的力量，也不要懷疑你在家創造出來的能量場的力量。在未來的時代中，你和你家可以造成改變。當我們敞開心胸踏入新的千禧年，願你的生活空間為你帶來舒適、健康、喜悅。

The Other 12R

# 神聖空間

居家能量風水淨化術，讓你家成為光的發射站！

## Sacred Space:

Enhancing the Energy of Your Home and Office

作者／丹妮絲・琳恩（Denise Linn）

譯者／范章庭

美術設計／謝安琪

責任編輯／簡淑媛

內頁排版／李秀菊

校對／黃汝俐、簡淑媛

新星球出版 New Planet Books

業務發行／王綬晨、邱紹溢、劉文雅

行銷企劃／陳詩婷

總編輯／蘇拾平

發行人／蘇拾平

出版／新星球出版

231030新北市新店區北新路三段207-3號5樓

電話／（02）8913-1005

傳真／（02）8913-1056

發行／大雁出版基地

231030新北市新店區北新路三段207-3號5樓

讀者服務信箱／Email:andbooks@andbooks.com.tw

劃撥帳號／19983379

戶名／大雁文化事業股份有限公司

國家圖書館出版品預行編目(CIP)資料

神聖空間：居家能量風水淨化術，讓你家成為光的發射站！／丹妮絲・琳恩（Denise Linn）著；范章庭譯. -- 二版. -- 新北市：新星球出版：大雁出版基地發行, 2024.07
面； 公分. -- (The other ; 12R)
譯自：Sacred space : enhancing the energy of your home and office
ISBN：978-626-98493-0-7 ( 平裝 )
1.CST:家庭佈置 2.CST:空間設計 3.CST:改運法
422.5 113006493

二版一刷／2024 年 7 月 定價：450 元
ISBN：978-626-98493-0-7